穿越 Chuan Yue

中国隧道及地下工程修建关键技术研究书



# 全断面隧道掘进机 设备状态监测与故障诊断技术指南

中铁十八局集团有限公司 / 编著

TECHNICAL GUIDE FOR CONDITION MONITORING AND FAULT DIAGNOSIS OF

# FULL FACE TUNNEL BORING MACHINE

人民交通出版社股份有限公司

北 京

## 内 容 提 要

对全断面隧道掘进施工机械而言,设备状态监测与故障诊断是大型综合设备"管用养修"不可或缺的重要环节。本书基于工程实践,对油液、振动、红外、无损等基础性状态监测技术予以介绍,并较为系统地归纳了全断面隧道掘进机的状态监测及其应用。案例部分,从故障现象描述、检测与分析、故障处理等方面直观地阐述了各种监测技术的应用场景与方法,以便读者了解和掌握不同故障现象的诊断手段,通过诊断评判设备状态,洞察故障原因及其规律等,提供可借鉴或复制的处治措施。

本书可供从事机械设备维修和管理的技术或科研人员使用,也可供职业技术院校师生参考。

**图书在版编目(CIP)数据**

全断面隧道掘进机设备状态监测与故障诊断技术指南 / 中铁十八局集团有限公司编著. — 北京 : 人民交通出版社股份有限公司, 2025. 3. — ISBN 978-7-114-20155-4

Ⅰ. TD421.5-62

中国国家版本馆 CIP 数据核字第 2025JC8962 号

Quanduanmian Suidao Juejinji Shebei Zhuangtai Jiance yu Guzhang Zhenduan Jishu Zhinan

**书　　名:** 全断面隧道掘进机设备状态监测与故障诊断技术指南
**著 作 者:** 中铁十八局集团有限公司
**责任编辑:** 刘国坤　谢海龙
**责任校对:** 席少楠
**责任印制:** 张　凯
**出版发行:** 人民交通出版社股份有限公司
**地　　址:** (100011)北京市朝阳区安定门外外馆斜街 3 号
**网　　址:** http://www.ccpcl.com.cn
**销售电话:** (010)85285857
**总 经 销:** 人民交通出版社股份有限公司发行部
**经　　销:** 各地新华书店
**印　　刷:** 北京建宏印刷有限公司
**开　　本:** 720×960　1/16
**印　　张:** 11.25
**字　　数:** 196 千
**版　　次:** 2025 年 3 月　第 1 版
**印　　次:** 2025 年 3 月　第 1 次印刷
**书　　号:** ISBN 978-7-114-20155-4
**定　　价:** 92.00 元

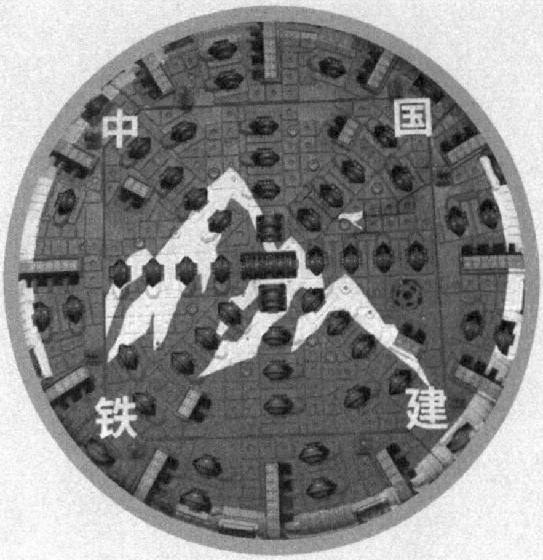


# 编审委员会

# — 序 一 —

Introductory

设备状态监测与故障诊断技术是一种了解和掌握设备使用过程中状态，确定其整体或局部异常，早期发现故障及其成因，并能预测故障发展趋势的技术。在全断面隧道掘进机领域，以 TBM 和盾构为引领的大国重器属于针对地质条件专门“量身定制”的庞大综合自动化施工装备，系统复杂、技术含量高，设备状态监测与故障诊断技术对保证工程进度、质量和安全发挥了重要作用。

随着国内外全断面隧道掘进机技术的发展，TBM 和盾构设备状态监测与故障诊断技术的发展经历了经验判断、现代诊断技术、智能诊断技术三个阶段。目前已实现了从油液监测、振动检测到红外检测等较为系统的集成，覆盖面和所针对的故障类型也越来越广泛，并且融合了信息化等先进的、多样化的技术手段。

本书编写团队的主要成员具有丰富实践经验，在 TBM 和盾构的状态监测与故障诊断技术方面有较全面的理论研究，并扎根于工程实践，编撰的《全断面隧道掘进机设备状态监测与故障诊断技术指南》，较为系统地介绍了油液、振动、红外、无损等基础性状态监测技术发展现状，从故障现象、状态监测、故障分析、故障处置等多个方面阐述了各种监测技术的应用场景与方法，以及评判设备状态、故障发生原因、规律等诊断技术手段。

希望本书的出版，能够进一步推广设备状态监测与故障诊断技术的应用，拓展隧道工程领域的技术广度和深度，为我国土木、交通、水利等重大工程建设做出有益贡献。

中国工程院院士 杜彦良

2022 年 11 月

# —序二—

Introductory

全断面隧道掘进机在地铁、市政、水利、铁路、管廊等隧道施工中应用越来越多,为我国的基础设施建设快速发展发挥了不可替代的关键作用,但如何使用好、管理好、维护好这些核心设备,则又涉及到机械、工程、检测、管理等诸多交叉学科的新技术,其中设备状态监测与故障诊断技术是所有研究、分析和决策的核心。

回顾国内全断面隧道掘进机设备状态监测与故障诊断技术的发展历程,大体经历了三个阶段,第一阶段是凭技术人员经验和简单测试工具去判断可能存在故障和隐患,这一"传承"目前也还有着不可小觑的市场;第二阶段则是使用通用测试仪器定期检测或设备上集成在线测量仪器检测关键参数,凭借专业人员分析判断来提升管理水平;第三阶段是基于产品研发设计原始数据,以建立人-机-岩一体的数字孪生样机为目标,持续将新技术融入控制系统全面采集设备运行参数和状态检测数据,基于大数据、云计算和人工智能等前沿技术研究设备智能诊断技术,为设备全生命周期管理实现效益最大化提供技术支撑。

在现代社会飞速发展大背景下,全断面隧道掘进机为代表的关键设备必须进一步提高安全性和可靠性并朝着少人化、智能化方向迈进,工程管理精细化也必将有着大幅度提升。中铁十八局集团有限公司在 TBM 和盾构等方面均系设备应用与管理的佼佼者,长期稳定的专业团队积累了大量的经验,本书编写团队参与了国内外大量 TBM、盾构工程建设,对设备状态监测与故障诊断技术各阶段的技术发展全程深度参与，所编撰的《全断面隧道掘进机设备状态监测与故障诊断技术指南》，论述深入浅出、清晰全面、内容新颖，指导案例丰富，具有很高的工程应用价值，可供国内外同行参考借鉴。我相信，该专业技术指南将为全断面隧道掘进机行业技术发展做出新的业绩与贡献。

**中国铁建重工集团股份有限公司总经理** 程永亮

**2022 年 11 月**

# — 前言 —

Preface

当前，以 TBM、盾构为代表的全断面隧道掘进机等大型综合施工设备，已成为工厂化流水线隧道施工的重要支撑，其状态监测和故障诊断对工程建设的安全、进度、成本影响十分显著。TBM、盾构等大型综合设备一旦发生故障或事故，可能造成设备损毁，甚至带来巨大的财产损失及人员伤亡。因此，对极具复杂特征的大型设备而言，设备状态监测和故障诊断技术，是其安全、可靠运行的保障。

近年来，TBM、盾构再制造比例越来越高，对跨项目、长周期运行的 TBM 与盾构有效性维护，除设备自带的参数监测技术体系外，还须辅以科学有效的监测和诊断手段。例如，油液检测所覆盖的关键部位及表现出来的便捷性和综合效果，使其在 TBM、盾构的状态监测及故障诊断中发挥关键作用；振动监测则更多聚焦于对电机等重要部位穿透式掌握，其相关技术已有长期丰富的积累，当然在抗干扰等方面还有相当大的提升空间；红外、无损等检测技术，是起步较晚但发展迅速的新方法。本书主要从 TBM、盾构的状态监测技术体系配置视角，较系统地介绍上述监测方法的原理、流程、分析方法、判定准则，再基于案例分享，引导读者熟知相关操作方法并诊断分析。编著者在编写过程中着力于彰显技术内容的实用性、操作性、指导性，以期对一线工程技术人员有所裨益。

蓬勃于 20 世纪 80 年代的设备故障诊断技术，主要基于设备状态监测数据分析、设备履历和现状、环境因素等要素，运用科学的分析手段和判定方法，判断设备是否正常并对设备运行状态做出评估，预测和诊断设备的故障并指导加以消除。该技术不断吸取现代检测设备、技术的新成果，并融合了信息化技术手段，使之综合学科体系的征候更加显著。

中铁十八局集团有限公司已在TBM领域探索与耕耘了二十余年，在盾构领域也有着广泛的项目积淀，本书编著者多系成长、成就于集团公司工程项目的科技人员，无所保留地梳理、归化了集团公司在相关领域的多年技术研究和应用经验素材，适度吸纳了业界同侪的经验与成果，使本书增色颇丰。

本书第1~7章依次由杨国清、许长羽和贺龙辉、高振宅、李阜璋、高振宅、黄江帆、董健文执笔编著，王宝友、廖建炜参与了部分章节编著并负责全书统稿，王立川主要组织了专家审稿工作。

本书的编著承蒙多位前辈、专家的支持指导，马怀祥、沈熙智、赵华、胡仕成等专家给予了建设性和具体的修改意见，钱浩、张树凯、肖刚刚等同侪为丰富案例添彩，于此共致衷心的感谢。书中若有疏漏之处，恳请各位读者不吝赐教。

**编　者**

**2022年6月**

# 目录

Contents

# 第1章　绪论

设备状态监测与故障诊断技术是一种通过一定的技术手段对机械设备的运行进行监测，了解和掌握其在使用过程中的状态，确定其整体或局部是否正常，尽早发现异常，并判断故障及其成因，预报故障发展趋势的技术。具体来说，就是通过测取设备运行的状态信号，并结合其历史状况对所测取的信号进行处理、分析、特征提取，从而定量诊断机械设备及其零部件的运行状态，得出其整体或局部正常、异常、故障的结论；再进一步预测设备未来的运行状态，最终确定需要采取何种必要的措施来保证机械设备取得最优的运行效果。

机械设备状态监测与故障诊断是同一学科的两个不同层次，从仿生学角度描述，类似于医学检查与医学诊断。对于机械设备的“疾病”诊断，各阶段的监测手段，与医学检查有着较高的相似度，比如油液检测，与生化检查类的验血等相仿，无损检测中的诸多技术来源，则与X射线断层扫描(CT)等光学检查相同。状态监测也被称为简易诊断，一般是通过测定机械设备某些较为单一的特征参数，如振动、温度、压力等，来检查设备运行状态，再根据特征参数值与阈值之间的关系来确定设备当前是处于正常、异常还是故障状态。进一步地，如果对设备进行定期或连续的状态监测，就可以获得设备运行状态变化的趋势和规律，据此预报设备的未来运行状态发展趋势，也就是人们常说的趋势分析。故障诊断，则可定义为精密诊断，其不仅要掌握设备的运行状态和发展趋势，更重要的是查明产生故障的原因，识别、判断故障的严重程度，为设备科学检修指明方向。

机械设备的状态监测及其维护，重要性不言而喻，并贯穿设备运行始终。伴随着我国工程建设领域机械化程度的不断提高，信息化手段的不断丰富，部分领域智能化的探索和快速发展，对机械设备的状态掌控日趋精细化，这与工程建设的管控方向也是一体发展的。其中，在隧道建设领域，全断面隧道掘进机已经应用越来越广泛，提高其状态监测与故障诊断技术，意义重大。

本书主要以全断面隧道掘进机中的岩石隧道掘进机(TBM)和盾构机为研究目标,对其状态监测与故障诊断进行阐述。

## 1.1 状态监测与故障诊断的意义

### 1.1.1 状态监测的必要性

全断面隧道掘进机是集机、电、液、气、自动控制等技术于一体的大型隧道施工综合成套设备,当机械设备尤其是关键系统或部件出现故障时,将会导致停机,影响施工生产,甚至造成安全事故的发生。设备所带来的维修成本、时间成本往往也是非常高的。因此在施工过程中保障其状态完好是十分关键和必要的。

应用设备状态监测与故障诊断技术可以在设备不停机的情况下,通过监测到的设备运行特征信息,预测设备的故障隐患,从而提前对设备进行保养、维修或改造,避免设备的异常停机。通过设备状态监测与故障诊断技术还可以查找设备故障原因,识别判断故障的严重程度,从而有目的地进行检修。因此,开展以关键设备和部件为主要对象,使用专门的检测仪器对其进行间断或连续监测,从而定量掌握设备的运行状态,针对性地采取相应的维修措施是十分必要的。

### 1.1.2 状态监测的目的

状态监测的目的在于掌握设备发生故障之前的异常征兆与劣化信息,掌握设备的实际特性,以便事前采取针对性措施,预防设备故障恶化,防止故障发生,避免过度维修,以便节约维修费用、减少停机损失、提高设备的有效利用率。

通过对TBM/盾构机的状态监测,以实现以下主要目的。

(1)准确把握设备运行状态。及时、准确地对设备异常状态或故障状态做出诊断,预防或消除故障,提高设备运行的可靠性、安全性和有效性,把设备故障损失降至最低。

(2)改进维修方式。将传统的定期维修或事后维修转变为预防性维修或事前维修,根据设备运行故障状态来确定设备的维修时间、内容和方法,最大程度地降低维修成本,提高设备完好率。

(3)科学指导设备维保。当前在TBM及盾构机施工中,普遍面临的问题是维修人员不足,尤其是具有丰富经验的维修人员。这种技术力量的缺失,经常会导致现场维保工作不到位。通过状态监测能提高维保工作的客观性,减少人为因素干扰,可一定程度弥补维修技术力量的不足。

(4)为设备改造或优化提供支撑。通过监测、故障分析、设备评估等,为设备结构改造、优化设计提供数据支撑。

## 1.2 状态监测对象和检测技术

状态监测的任务是了解和掌握设备的运行状态,包括采用各种检测、测量、监视、分析和判别方法,结合设备历史与现状,考虑环境因素,对设备运行状态进行评估,判断其处于正常或异常状态,并对状态进行显示和记录,对异常状态做出报警,以便运维人员及时加以处理,并为设备的故障分析、性能评估、合理使用和安全工作提供信息和准备基础数据。

### 1.2.1 监测对象

全断面隧道掘进机作为大型的隧道施工综合成套设备,任何环节或系统的故障均会影响到正常掘进。关键部位的损坏还将会导致设备处于停滞甚至瘫痪状态,从而影响整个工程的进展,同时也会大大增加工程成本。根据设备的重要程度和系统故障对工程的影响程度,应采取不同的监测方式。关键设备常用检测方式见表1-1。

关键设备常用检测方式列表 表1-1

| 监测对象 | 检测方式 |
|---|---|
| 主轴承 | 油液分析、工业内窥镜、振动检测 |
| 主驱动电机 | 振动检测、温度检测、电流检测 |
| 主驱动变速箱 | 油液检测、振动检测、温度检测 |
| 皮带输送机电机、马达 | 油液检测、振动检测、温度检测 |
| 液压泵站(电机、泵、马达) | 油液分析、振动检测、温度检测、压力检测、流量检测 |
| 通风除尘风机 | 振动监测、温度检测 |
| 重要焊缝 | 磁粉探伤、超声波探伤 |

### 1.2.2 主要检测技术

机械设备的类型繁多,因而出现的故障也种类多样,不同的故障诊断往往会采取不同的监测技术与诊断方法。对于全断面隧道掘进机,主要涉及的检测技术有以下几种。

(1)振动检测技术

机械运转时都会产生振动。当机械状态完好时,其振动强度在一定范围内波动;当机械出现故障时,其振动强度会增加。设备在运行过程中的振动及特征信息是反映设备状态及其变化规律的主要信号。应用振动仪器拾取、记录和分析动态信号,通过对被检测设备的频谱图分析,实现对设备状态的评估。

振动检测技术理论基础雄厚、分析测试设备完善、诊断结果准确可靠、便于实时诊断,适用于受振动干扰较强的设备,但是对于技术人员要求较高,测点部位比较敏感,对于现场人员来说采样后的信号分析处理难度较大。

(2)油液分析技术

油液分析技术是现场比较常用的技术手段,通过分析油品理化指标、污染度等,能准确判断油液质量,经过铁谱和光谱分析能判断出设备磨损状态。应用专业化检测仪器,对油液理化指标的分析速度很快,检测人员经过简单培训即可上岗;铁谱和光谱分析需要长周期的监测才能做出有效判断,需要人员技术水平高,设备采购费用高,通常委托专业机构检测。

(3)温度检测技术

温度检测技术分接触式测温和非接触式测温。接触式测温多用于连续监测或者不可观察的部位,目前 TBM 等机械设备,一般均集成有接触式测温系统,在操作室能直接看到,并有预警提示;非接触式测温比较便捷,多为手持红外测温枪,可以用于测量不易接触或较危险部位,比如高压电气元件。温度检测比较简单,结果一目了然。其中,红外成像技术更加直观形象,能反映出物体表面的温度场,用于流体系统、泵站电机和油泵等检测比较便捷,值得进一步推广。

(4)无损检测技术

无损检测(又称“无损探伤”)是在不破坏被检测对象的前提下,探测其中是否存在缺陷,主要包括射线探伤、超声探伤、磁粉探伤和渗透探伤。对 TBM 与盾构机的检测多采用磁粉探伤机、渗透探伤,这两种方法比较简单,现场容易实施。超声探伤需要专业设备和人员,在设备制造阶段常用于检测较大焊缝和板材,现场焊接刀盘或者大修刀盘时也会采用,多为设备制造商或其委托的专业机构所进行。射线探伤在 TBM 与盾构机上基本不用。

# 第2章 油液分析技术

油液分析技术是以油液检测为手段，对设备或系统油液（润滑油、液压油）的使用状况实施动态检测，有效分析评价设备或系统的运行工况，预报和诊断设备或系统磨损与润滑故障等，提出管理措施和维修决策。

磨损、疲劳和腐蚀是机械设备及其零件失效的主要形式和原因。磨损失效是最常见、最主要的失效形式。据不完全统计，约 80% 的失效形式为磨损失效，在机械设备运行中，伴随相互接触金属零件的相对运动，都会发生磨损。同时，因摩擦消耗所带来的能源损耗亦不可忽视，约占机械设备消耗总能源的 1/3 ~ 1/2。通常向运动表面添加润滑剂，以减少其摩擦和磨损。在使用过程中，润滑剂的性能会逐步下降，甚至衰变而丧失功能。摩擦副的性质及所用的润滑剂是决定其能源消耗和磨损的两大因素。运动副的表面磨损，会产生磨屑微粒，以悬浮状态进入并存在于机械的润滑系统中。此外，油液中还有空气和其他污染源带来的污染物颗粒，这些颗粒常常高达每毫升数千颗。微粒尺寸则随机械设备工作状态的不同而不同，其大小范围从几百微米到几十纳米。这些磨粒携带有机械设备的失效或故障等重要信息。

实践证明，不同的磨损过程（磨合期、正常磨损期、严重磨损期）产生的磨粒有着不同的特征（形态、尺寸、表面形貌、数量和粒子的分布），它们反映和代表了不同的磨损失效类型（黏着磨损、磨料磨损、表面疲劳磨损、腐蚀磨损等）。根据磨损的材料和成分不同可以分辨出颗粒的来源。油液分析技术对研究机械磨损的部位和过程、磨损失效的类型、磨损的机理、油品评价有着重要作用，而且是在不停机、不解体的情况下对设备状态和故障进行诊断的重要手段。油液分析技术可分为两大类：一类是针对油液（如润滑油）的物理化学性能分析，润滑油的性能直接影响摩擦副的磨损状态，对润滑油的物理化学性能监测就是对设备润滑系统工作状态的了解，根据其分析可减少设备因润滑不良产生的故障；另一类是针对油液中不溶物质(磨损颗粒)的分析技术,它是检测摩擦副本身工作状态的手段。

油液分析技术的实施过程包括取样、送检、获得检测数据、数据分析、形成报告等步骤。TBM 及盾构机所用油液主要为液压油、润滑油(齿轮油)、润滑脂。本章重点针对 TBM 及盾构机常用油液(液压油、润滑油)论述其分析技术,包括检测设备及工作原理、分析方法及流程、分析标准及诊断分析。

## 2.1 油液分析及工作流程

### 2.1.1 油液分析

油液分析主要分三部分:油品性能分析、油液污染分析、磨损分析。

1)油品性能分析

(1)油品的衰化:系指由于温度作用或滤清效应,使其黏度、密度、酸值等发生改变,造成油品的衰化。

(2)油液添加剂的损耗:如润滑油中常加有各种用途的添加剂,用于抗磨、抗氧化等。这些添加剂中常含有 Ba、Ca、P、Zn 等元素,在使用过程中,润滑油中添加剂的消耗会产生含有相应元素的化合物。

(3)油液污染:润滑油在使用过程中,不可避免地会受到外界污染甚至生成有害物质。这些污染或有害物质可能影响油液性能。如果油液中发现某些相关元素含量突然增加,则预示着油液可能已被污染。

2)油液污染分析

(1)固体颗粒分析:检测油液中存在的磨损颗粒等,因灰尘、磨粒等固体颗粒会加速设备或系统零部件的磨损。

(2)水含量分析:油和水是两种互不相融的液体,水在油液中会以三种形态存在,即溶解水、游离水、乳化水,后两者都是超过油液水含量饱和度时的存在形式,一般都是有害的,会引起油液的乳化变质,降低油液的润滑性能,甚至会滋生微生物引起堵塞、腐蚀,损坏设备或系统。

(3)空气含量分析:油液中含有空气,将严重影响设备的使用,比如可能导致系列氧化的产生或加速,亦可使油液的体积压缩,或产生汽蚀等。

3)磨损分析

(1)化学成分:用以判断设备异常情况发生的部位和磨损的类型。

(2)浓度含量:用以判定磨损的总量程度,预测可能的失效和磨损率。

(3)尺寸大小:用以判断磨损的严重程度和磨损类型。

(4)几何形貌:用以判断设备摩擦副的磨损机理。

### 2.1.2　油液分析流程

油液分析需遵循检测流程,结合油液分析内容选用合理的检测手段。其分析技术工作流程如图2-1所示。

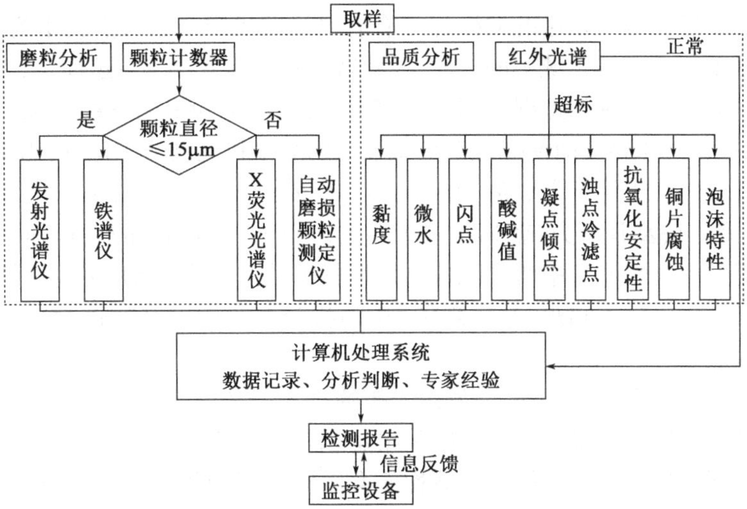


图2-1　油液分析技术工作流程

(1)接收油样并整理。

(2)通过颗粒计数器和红外光谱对油样进行磨粒与品质分析。

(3)对于直径大于或等于15μm的颗粒,采取发射光谱仪或铁谱仪等检测方式;反之则采用X荧光光谱仪或自动磨损颗粒测定仪进行检测。

(4)通过红外光谱分析油液的黏度、微水、闪点、酸碱值、凝点、倾点、浊点、冷滤点、抗氧化、安定性、铜片腐蚀、泡沫特性等理化性能数据是否超标。

(5)将检测分析结果通过计算机处理系统进行数据记录、分析判断,并结合专家经验生成检测报告,完成信息反馈。

## 2.2　油液的取样及发运交接

凡是借助非在线形式开展的检测,都离不开从被测试对象的系统中取出

"样品"这一重要步骤,这是个信息的采集过程。广义的"样品"有各种各样的物理形式,例如,既有可用一般机械工具采集的固、液、气态的实物,也有只能用特定受感元件接收的光、电、热等信号;既有只需一维变量就能定量的数据(如密度、浓度等静态数据),也有必须用二维乃至多维变量才能表述的(如振动、噪声等动态参数)。但是,不管是哪一种类型的样品,它们之所以能称为"样品",其共性就是必须对该被测系统具有代表性。

从机械的润滑系统、液力系统所取出的润滑油(脂),工作介质样品必须具有代表性。因此对于常用的取样程序有着严格的规定。以铁谱技术为例,随着铁谱技术不断在新的领域中的应用,一些特殊的取样方法也应运而生,例如多缸柴油机的多组运动件摩擦副共用一个润滑油系统,从润滑油系统中取出油样所做出的铁谱分析结果,即便能说明该柴油机的磨损状况已经恶化,但仍无法指出究竟是哪个气缸出了问题,检修柴油机时,仍要全部拆开。如此一来,针对"样品"的集采方法及其研究,就显得极为重要。我国铁路部门的工程师试验了分别采集了各个气缸排气中所含颗粒物的取样方法并取得成功,再应用铁谱技术对这些颗粒进行分离和观测,实现了"柴油机分缸铁谱检测",进而提高了铁谱分析的效能。

油样有着较强的时效性,其发运交接的速度,在很大程度上决定着油品检测的准确性。在油液从设备或系统中采集出来的那一刻,油样就已处于和运行中的油液不同的环境。待分析的油液性质会随时间而变化,仍处于运行状态的油液,其状态很可能加速量变甚至质变,这就是定期抽样检测的局限性。因此,一旦油样被采集,那么就应该尽快进行检测。在确定油样的递送期限时,要考虑是否需要进行特殊项目的分析,尤其要考虑取样的频率。

### 2.2.1　油液取样

按照《液压颗粒污染分析　从工作系统管路中提取液样》(GB/T 17489—1998)的规定,从液压系统管路、油箱或其他指定位置取样,为使油样具有代表性与真实性,应在最佳位置取样,防止从设备死角处取样,并尽可能在设备不停机状态下采集,或停机后立即取样。取样应由专人负责,根据设备或系统不同的检测要求,采集不同种类的油样。

按照取样目的的不同,取样可分为正常取样和特殊取样两种主要形式。

1)正常取样

正常取样是按取样要求,定期采集TBM/盾构机的液压、润滑系统油样。取样目的是测定设备液压系统、润滑系统的油品品质、污染程度及设备磨损程度,以分析所使用油液质量变化状况并预测设备故障。

2)特殊取样

特殊取样的目的是检查、验证设备发生故障或事故及使用油液的质量衰变。有下列情况之一时,需要随时进行取样。

(1)润滑系统

①润滑系统完成维修后或换上新的运转零部件后。

②设备偶然发生破坏性故障,不明原因,需要立即采取代表性油样。

③设备在运转过程中,出现大的振动或杂音。

④设备在运转过程中,出现诸如润滑系统损坏、润滑油消耗量大、润滑油压力波动或为零的润滑系统故障。

⑤设备突然自动停机。

⑥设备出现"减小转速"信号。

⑦润滑油中有肉眼可见的金属碎屑或润滑油滤芯堵塞。

⑧润滑油变色、浑浊、发黑、分层、有羽状物。

(2)液压系统

①系统出现相关功能故障。

②系统过滤器滤芯上有异常金属屑。

③系统换附件、拆装零部件后。

④应急操作造成系统污染或混入了其他油液。

⑤更换或补充大量的液压油后。

⑥液压油变色、透明度下降、浑浊。

(3)其他情况

①检测分析部门提出特殊要求。

②油液样品或检测结果发生遗失。

③维保部门认为有怀疑的故障时。

④检测分析结果显示设备运行不正常或偏离正常值较大时。

### 2.2.2　油液取样操作

1)取样瓶与取样工具

取样瓶的选择及其清洁度标准,按照《液压油液取样容器　净化方法的鉴定和控制》(GB/T 17484—1998)、《液压传动　取样容器清洗方法的鉴定》(ISO 3722—1976)标准执行,规格一般为250mL。首选无色透明的玻璃瓶,可通过肉眼直接观察油样是否因过热氧化发黑、是否有沉积物生成、是否含有特别大的单个严重磨损磨粒、是否混有水分或其他液体。谨慎推荐塑料取样瓶，因有可能的化学反应存在，如塑料与润滑油，特别是与聚酯类润滑油接触时，可能会分解出塑料颗粒、凝胶体或腐蚀性产物。塑料瓶所用的增塑剂就可能使金属磨粒发生腐蚀，进而形成胶状化合物，乃至与其他游离金属磨粒形成团粒。润滑油在塑料瓶中的长期存放还会使塑料瓶发黏，致使某些磨粒附于瓶底或瓶壁。

取样瓶应妥善保管，不得随意开启或堆放，只有在取样时才能开启，取样后立即盖紧。取样瓶内盖应使用与油液不起作用的聚四氟乙烯材质。取样工具为真空取样器或塑料管。取样瓶与取样管均为一次性使用。

2）取样数量

取样数量根据检测项目数量确定，为单一项目检测时可取样 50mL，若检测项目较多，可取样 100mL。

3）取样时机与频次

为获取均匀的油样和防止加入新油后的稀释，应在设备运行至少 30min 后进行取样。正常情况下，TBM/盾构机的磨合期前 500h 可安排每 100h 取样一次，此后可在设备每运转 500h 左右取样一次；但设备或油品异常时，应根据需要随时取样。

4）取样登记

取样后，应认真填写油液取样登记表（表 2-1）和取样瓶标签（图 2-2），保证油液及设备信息准确、齐全。

油液取样登记表　　表 2-1

| 序号 | 设备 | 采样点 | 油液类型 | 油液厂家 | 存放有效期 | 设备运行时间 | 设备运行里程 | 油液运行时间 |
|---|---|---|---|---|---|---|---|---|
| 1 | | | | | | | | |
| 2 | | | | | | | | |
| 3 | | | | | | | | |

项目名称__________　　油样编号__________
TBM/盾构型号__________　　取样部位__________
油液型号__________　　取样时间__________
设备运行时间__________　　油液运行时间__________
设备运行里程__________　　补、换油时间__________
取样人__________

图 2-2　取样瓶标签图

5）取样方法

油液取样方法一般有取样阀取样、取样泵取样、油路取样、吸管取样等。TBM/盾构机常采用取样阀取样、取样泵取样以及油路取样。取样阀取样需要先放掉一部分油，以冲掉阀口处堆积沉积物及管路中的“死油”，如图2-3a）所示；取样泵取样需将取样管伸至油箱中下部，以保证所取油样的代表性，如图2-3b）所示；油路取样可以选择在油品流通管路中取样，如管路中阀、滤芯处等。

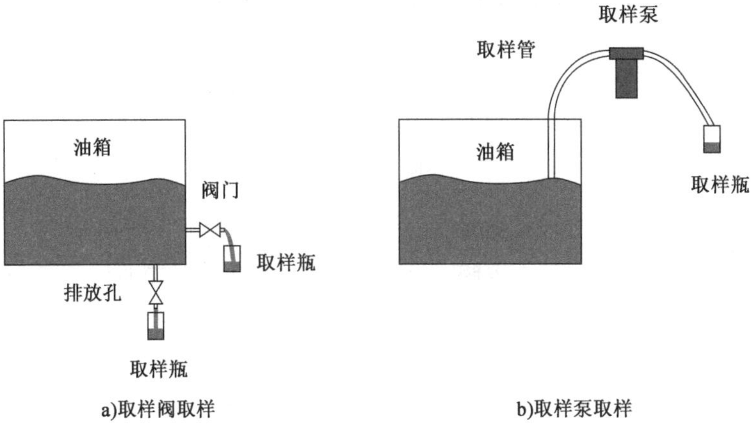


图2-3　取样阀取样和取样泵取样

6）取样位置

除极个别的取样需要，从设备或系统中取出油样时，最常用的两个取样点是油箱和油路中的某一点。

（1）从油路中取样

以润滑油为例，所取油液必须满足既流经所有摩擦副磨损表面，又处于过滤装置之前的某个位置（回油方向）两个条件，如图2-4所示。由于润滑油中的磨粒平衡浓度及达到平衡所需的时间与设备的工作状态有关，而整个润滑系统中各部分的磨粒浓度是不同的，因此无论选择哪一个取样点，都必须遵循“两固定”原则，即取样点固定和取样时设备工况固定。只有这样，油液分析结果才有可比性。

从油路中取样一般选择在所有摩擦副之后的回油路上某点 $A$。在这一点取出的油样，其磨粒浓度 $C_A$ 由两部分组成：一部分是刚刚从摩擦副上由于磨损而产生并进入润滑油系统的磨粒，表达为 $R_w/Q$（$R_w$ 为磨粒产生率；$Q$ 为润滑系统流量）；另一部分则是润滑系统中原有磨粒的浓度，若油箱内上一循环的平衡浓度为 $C_b$，则经过此循环滤清等损失之后，这个浓度就应为 $C_b(1-\varepsilon)$（$\varepsilon$ 为损耗

率)。由此可知取样点 $A$ 总的磨粒浓度表达式为:

$$C_A = \frac{R_w}{Q + C_b(1-\varepsilon)} \tag{2-1}$$

由式(2-1)可知,在回油路上的某一点取油样,其浓度与在油箱取样不同。而且当 $\varepsilon$ 值很高时,后一项接近零,$C_A$ 只取决于 $R_w/Q$。这就是说,在一个滤清效率较高的润滑系统中,在其回油路上一点取样,更能直接反映出摩擦副磨损状况的瞬变。因此,只要条件允许,应尽量选择该取样部位。

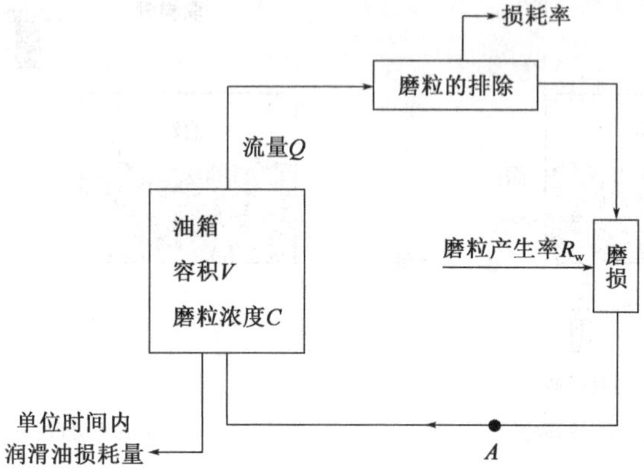


图 2-4　简化的润滑油系统示意图

选择在回油路上取样时,可在取样点 $A$ 处安装一个 T 形阀。T 形阀应装在一个具有紊流断面的位置上,以避开残积在系统中的磨粒。如果系统的管径大、流速慢,则应避免从管道的底部取样。在每次取样前,要先放掉一部分油液以清洗 T 形阀,并防止上一次取样时残留在阀内和管壁上的磨粒进入新油样。应确保取样后的润滑油能支持设备完成数次循环,保障设备运转安全,如条件不允许在运转状态取样,则应在停机后尽快进行。

(2)从油箱中取样

从管路中流动的油液中取样,由于油液的流动和取样点在紊流断面的选择,都大大有助于磨粒在油液中的均匀分布。然而,选择从油箱中取样的方式,则近乎为从一池静止的油液中取出样品,其情况大不相同。磨粒由于自身重力下沉影响了它在油箱中分布的均匀性。因此,为了能从油箱中取出具有代表性的油样,首先要考虑到磨粒的沉降效应并估算它们的沉降速度。

可将条件和参数作如下简化:油箱中的液体是静止的;按照润滑油密度 $0.8g/cm^3$、运动黏度 $14 \sim 16mm^2/s$ 为参数测算;并假设磨粒为铁质,外形似光滑球形。根据流体力学中的斯托克斯定理,可以估算出磨粒的沉降速度:直径10μm 条件下为 10mm/h;直径 1μm 条件下为 0.1mm/h。

而实际的磨粒沉降速度要比估算的结果低得多,这是因为,运转状态设备的润滑油油液温度是大大高于环境温度的,油箱内的温差所带来的液体对流可延缓磨粒的沉降;其二,绝大多数的磨粒并不是球形的,其投影面积与质量之比大于球外形的比值,因此同样重的磨粒大多不具备如球形磨粒那样快的沉降速度;其三,磨粒常被油中的胶状物所包裹,胶状物的密度接近润滑油的密度,从而降低了磨粒的有效密度而使其沉降速度减小。一般而言,5μm 及以下的磨粒可认为在润滑油中是呈悬浮状的,取出对其有代表性的油样并不困难。但对较大的磨粒,它们的沉降效应则不能忽略,尤其是大磨粒往往是在机器临近故障或故障已经发生时才会产生,所以选择从油箱中取样时必须考虑因为磨粒的沉降所带来的影响。一般而言应遵循以下原则:

①最好是在设备运转状态下取样。若条件不允许,则应在停机后立即取样。对于大功率设备若停机后超过 2h 取样,已基本无意义。

②取样工具应选择专用的手动取样器(图 2-5)或吸管。抽取油样的位置应在油面高度的 1/2 及以下。由于较大磨粒沉降时,首先受影响的是油箱中油体的顶部区域,因此若停机后取样,取样深度应随时间而改变。通常应从液面高度 1/2 起,每延迟 30min 下降 15mm 左右。

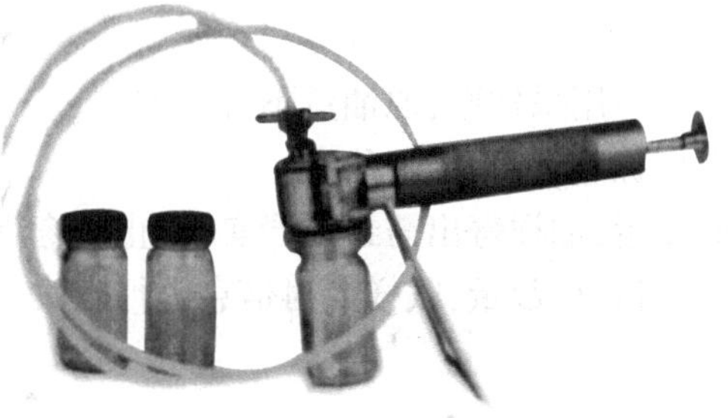

图 2-5　手动取样器

③取样时,吸管前端部不能触及油箱的底部或侧壁,以避免吸入长期沉积和附着的大磨粒或油泥。一般选取离油箱底部 10cm 左右处取样,如图 2-6 所示。若油箱装有放油管,则需先确认其高度是否符合第②款的取样要求,若符合,则在每次取样前,应先放掉不少于两倍油管体积的油液,这样才能排净上次取样时残留在放油管内的油并冲洗油管,确保所采集到的油液符合设备运转的最新时态。

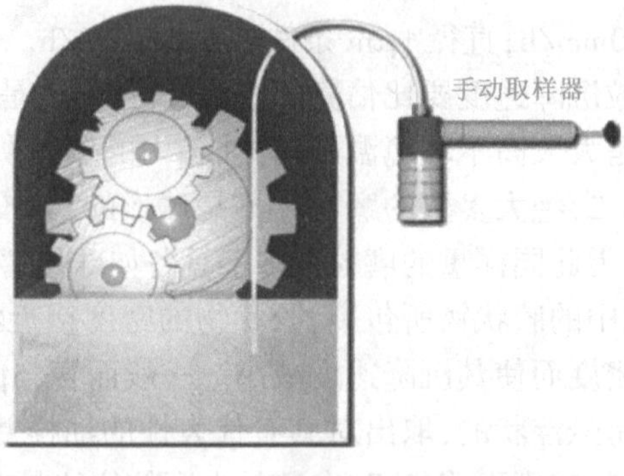


图 2-6 齿轮油箱抽取示意图

7)注意事项

(1)为防止取样工具污染,取样器、取样瓶、取样管、取样泵等应保持清洁,单独存放于密封清洁场所。

(2)为防止油液间交叉污染,取样瓶、取样管为一次性使用材料,取样器、取样泵每次采样结束后需清洗、干燥后保存。

(3)取样时不宜将油液装满油样瓶,防止外溢。

(4)取样时,禁止穿戴棉织或纤维手套,以免污染油液。

### 2.2.3 发运交接

(1)油样发运需使用专用采样瓶,取油量不宜过少。

(2)每份油样需贴好标签,填写相关信息。

(3)取样后要及时发运,油样寄出需封装严实,防止中途泄漏、破碎。

(4)收样后核对油品信息、数量,收样人对信息进行确认,完成交接。

## 2.3 油液理化性能指标及检测

油液对机械设备运转影响极为重要,通常被称为机械设备的“血液”。针对油液理化性能的指标检测与分析,首先是判断油液自身是否符合要求,据此规划合理的换油时间,更进一步地,还会借助油液检测指标去分析机械设备的运转状态,比如润滑油在设备中起着润滑、冷却、防护、密封和清洗等作用,借助油液检测指标即可判断其性能状态。油液性能的好坏直接影响机械设备工作的可靠性,因此必须定期或不定期地对使用油液进行性能检测。

油液理化性能指标检测方法分为定性和定量两类。定量分析方法通常按国家或行业标准进行,检测结果精确、可比性较好,但需依托专用仪器,借助专业的检测技术;定性分析方法通常分为综合检验和单项检验,这类方法易于掌握,获得结果速度快,便于现场使用,但需有相对较强的经验积累方能实现准确判断。

油液理化指标的变化反映油品的劣变程度,超过一定范围就成为废油,必须更换。评价油液理化性能的主要指标有黏度、闪点、酸碱值、凝点、水分等。

## 2.3.1 定性分析方法

1)滤纸斑点试验

以润滑油为例,为抑制油液中微粒的积累和维持设备部件表面的清洁,往往会添加洁净分散剂,由于氧化作用和外来杂质的污染,油液中洁净分散剂的含量会逐渐减少,导致沉淀物增加,加剧设备部件的磨损。斑点试验法是利用滴在滤纸上散成的斑点图像,判断润滑油洁净分散性能。

(1)试验装置

采用两片有机玻璃或硬纸板,制成两孔或九孔斑点试验框架,其孔径为50mm,如图2-7所示。

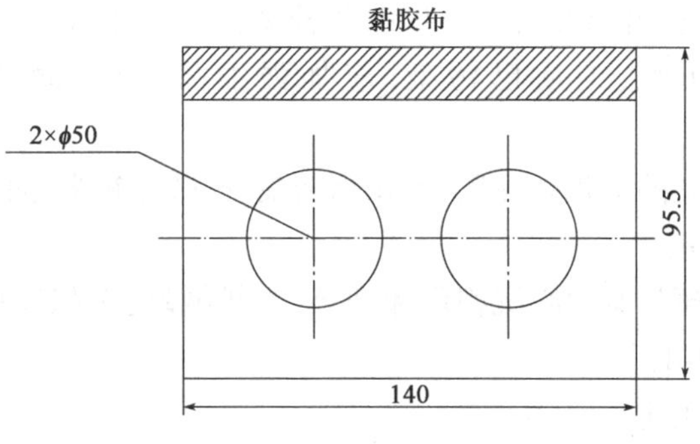


图2-7 两孔斑点试验框架(尺寸单位:mm)

滴棒采用不锈钢或玻璃棒,直径2mm,长140~200mm,尖端为锥形,离尖端40mm处有一刻线以控制取样量。滤纸按《化学分析滤纸》(GB/T 1914—2017)要求,选用直径90mm规格或特制滤纸。

(2)操作步骤

①将滤纸夹在框架中,放置于平面,使滤纸背面不与其他物体接触,以免影

响油滴扩散。

②将油样盛在取样瓶中，油样量不超过3/4瓶容积充分摇动，使沉淀在瓶底的杂质混匀，然后立即用干净滴棒插入油样，在液面与滴棒刻线重合后即垂直提起。待滴棒间断滴油计数，取第5、6滴油液为试验对象。注意滴棒顶端应离滤纸面约30mm，垂直滴在滤纸圆心部位。

③在室温静置0.5～1h后，观察斑点图像。

(3)评判标准

试验结果如图2-8所示。

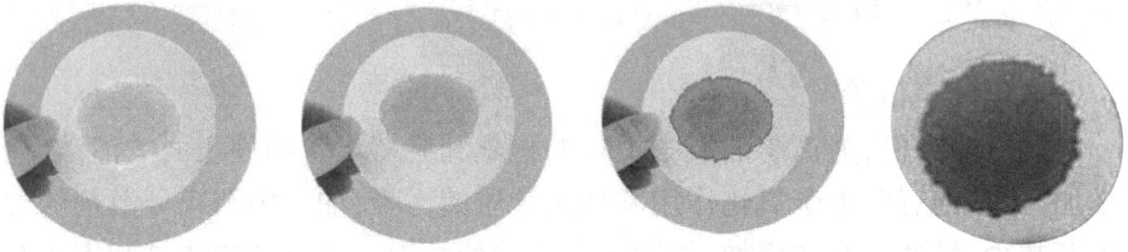

a)一级　b)二级　c)三级　d)四级

图2-8　试验结果

①一级。油斑的沉积环和扩散环之间没有明显界线，整个油斑颜色均匀，油环浅而明亮，油质良好[图2-8a)]。

②二级。油斑的沉积环色深，扩散环较宽，二环之间有明显的分界线，油环呈不同程度的黄色，油质已污染，应加强油品滤清，润滑油可继续使用[图2-8b)]。

③三级。油斑的沉积环深黑，沉积物密集，扩散环狭窄，油环颜色变深，油质已达劣化[图2-8c)]。

④四级。油斑只有中心沉积环和油环，无扩散环，沉积环乌黑，沉积环稠厚而不易干燥[图2-d)]。

2)污染指数测定

润滑油中含有氧化物、油泥、水分、沉淀物、金属磨粒等污染物时，其理化性能会发生变化，尤其是电导率。通过测定油液的介电常数，与同型号新油比较，可综合反映油液的污染程度量。介电常数是物质与真空相比传递电能的能力，油液的介电常数取决于基础油、添加剂和杂质的情况。介电常数测定常采用快速油质分析仪(图2-9)。

液体介质的导电能力和其分子极性及纯净度有关，介电常数是反映润滑污染的一个综合参数。合理标定一个 $\varepsilon_r$ 的阈值,可以综合评价润滑油液的好坏,这为快速检测润滑油液的质量提供了一个相对科学的依据。

(1)各种新润滑油的介电常数约为 2.0,经过氧化后,介电常数普遍会增大,即其介电常数变化的趋势是一致的。但不同种类的润滑油,因其成分不同,即使在相同氧化条件下,其介电常数增加的幅度亦是有差异的。

(2)当润滑油中含有氧化物、尘垢、沉渣、燃料、酸性物等杂质时,所测得的介电常数值一般在 3.5 ~5.0 之间。当含有防冻剂、金属磨粒及水分时,其介电常数值更大;而当润滑油中含有汽油、柴油等轻质油时,介电常数值一般较小。

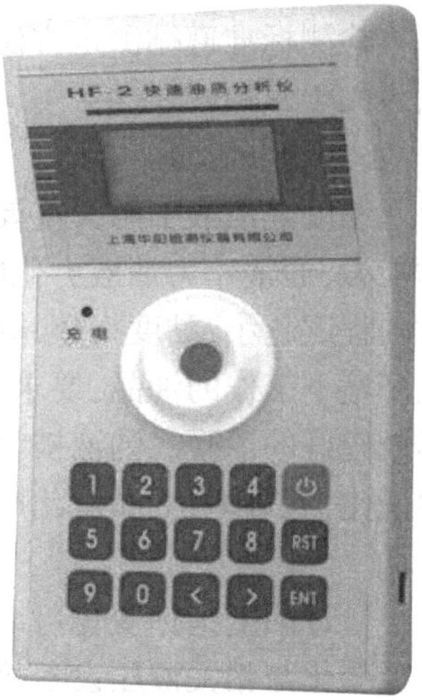


图 2-9 快速油质分析仪

(3)由于市场上的油液品种繁多,生产厂家不同,油液中的添加剂也不尽相同,它们的介电常数通常会有差异,需要在使用中系统地予以检测、记录,在对检测结果比较分析后,结合自己的判断确定该种油液的报废参考值。

## 2.3.2 定量分析方法

1)黏度

油液分子间受外力作用而产生相对运动时所发生的内摩擦阻力称为黏度。它决定了油液黏性的大小,是影响油液流动性的主要物理性能,也是决定油膜厚度的主要因素,通常作为选择润滑油等的主要依据。黏度的度量方法有绝对黏度和相对黏度两大类。其中绝对黏度分为动力黏度和运动黏度两种;相对黏度则主要有恩氏黏度、赛氏黏度和雷氏黏度三种。润滑油的黏度性能主要以运动黏度表示。

运动黏度定义为液体的动力黏度与其同温度下的密度之比,用符号 $\nu$ 表示。其计量单位为 $mm^2/s$,常用厘斯(cSt)表示,$1cSt = 1mm^2/s$。

(1)运动黏度测定方法

我国运动黏度测定方法按《透明和不透明液体石油产品运动黏度测定法及动力黏度计算法》(GB/T 30515—2014)执行。

(2)检测标准

检测标准遵循测定方法执行的标准，一般黏度的警告量级大于±10%；失效量级大于±20%。

(3)分析诊断

黏度是油液中至关重要的理化指标，用于衡量油液在特定温度下抵抗流动的能力，通常作为油液劣化的重要报警参考。黏度指数越大，其黏度随温度而变化的程度越小；黏度指数越小，其黏度随温度而变化的程度越大，对温度变化较大环境下工作的油品，要求有较高黏度指数；高黏度指数能保证油液在高低温下形成较好的油膜。油液被污染时，比如混入了其他不同油品或物质，其黏度会发生变化；通常地，油品氧化严重时，黏度会增高；油品抗剪切性能下降时，黏度会降低。

通过黏度指标变化可以评判设备运行状态或故障分析，表2-2列出了黏度指标变化与相关液压设备故障之间的关系；表2-3列出了黏度指标变化与相关齿轮箱故障之间的关系。

黏度指标变化与液压设备故障参照表　　表2-2

| 性能变化 | 故障现象 | 故障原因 |
|---|---|---|
| 黏度过低 | (1)润滑不良使各摩擦副产生异常磨损；<br>(2)内泄漏增大而使执行元件动作失常；<br>(3)压力控制阀出现不稳定现象；<br>(4)液压泵产生噪声、流量不足 | (1)油温上升，黏度下降；<br>(2)油液选择不当，黏度指数偏低；<br>(3)长时间使用，油液氧化 |
| 黏度过高 | (1)油泵吸油不良，产生异常磨损；<br>(2)油泵吸入阻力增大，产生气穴；<br>(3)油过滤器阻力增大，产生故障；<br>(4)压力损失增大，输出功率降低；<br>(5)控制阀的动作迟滞和动作不正常 | (1)油温、环境温度过低；<br>(2)油液选择不当，黏度指数偏低；<br>(3)低温时，油液无升温装置；<br>(4)油液低温性能较差 |
| 润滑抗磨性差 | (1)油泵、油缸及控制阀的运动摩擦面异常磨损，性能降低、元件寿命降低；<br>(2)执行、控制元件性能降低；<br>(3)泵阀等异常磨损，烧结；<br>(4)流量阀、伺服阀调节不良，性能降低；<br>(5)滤油器堵塞 | (1)油液老化劣化，异物进入；<br>(2)黏度降低；<br>(3)由水基油液特性造成 |

黏度指标变化与齿轮箱故障参照表　表2-3

| 性能变化 | 故障现象 | 故障原因 |
|---|---|---|
| 黏度上升 | (1)齿轮油温度上升；<br>(2)齿轮箱动力负荷增加；<br>(3)油泥增多,过滤器堵塞；<br>(4)供油不足,摩擦阻力增大,润滑不良导致齿轮异常磨损 | (1)长期高温、高负荷运行,冷却不良,导致油液严重高温氧化产生油泥；<br>(2)水分、外来杂质污染油液；<br>(3)油液使用时间过长,抗氧化剂损耗过快 |
| 黏度下降 | (1)润滑油膜形成不良,强度下降；<br>(2)零部件磨损增大,导致齿面异常磨损 | (1)混入了低黏度油液；<br>(2)过量水分污染 |

2)闪点

闪点是在规定条件下加热油液,当油蒸汽与空气的混合物与火焰接触时,发生短暂闪火的最低温度。闪点分开口闪点和闭口闪点,同一油液,其开口闪点较闭口闪点高20～30℃。见表2-4。油液闪点的高低,取决于其密度,或油液中是否混入了轻质组分及其多少。轻质油液或轻质组分多的其闪点就较低,反之,重质油液或轻质组分少的,其闪点就较高。

开口闪点和闭口闪点对比　表2-4

| 类别 | 用途 | 测定要求 |
|---|---|---|
| 开口闪点 | 多用于润滑油及重质石油产品 | 测定按《石油产品 闪点和燃点的测定 克利夫兰开口杯法》(GB/T 3536—2008)执行 |
| 闭口闪点 | 一般闪点在150℃以下的轻质油品用闭口杯法测闪点,如溶剂油、煤油等。由于测定条件与轻质油品实际储存和使用条件相似,可以作为防火安全控制指标的依据 | 测定按《闪点的测定　宾斯基-马丁闭口杯法》(GB/T 261—2021)执行 |

闪点通常作为油液储存、运输和使用的一个安全指标,同时也是评价油液挥发性的指标。闪点低,挥发性高,则容易着火,安全性较差。同时,油液挥发性高,在工作过程容易产生蒸发损失,严重时甚至引起油液黏度增大,影响润滑油等的性能发挥。重质油的闪点如突然降低,则可能是发生了轻质油混入。

参照油液危险等级划分依据,闪点在45℃以下为易燃品,45℃以上为可燃品,在油液的储运过程中严控高温。在黏度相同的情况下,闪点越高越好。在油液的使用过程中,如果混入其他油液(如燃油)或一些气体(如硫化氢、丙烷)将导致其闪点发生变化;闪点下降表示油液已经变质,需要进行处理以避免发生危险。

以润滑油选用为例,应根据使用温度考虑润滑油的闪点高低,一般要求润滑油的闪点比使用温度高出 20～30℃,以充分保障使用安全并减少挥发损失。

3)水分

水分主要有两种表示方法,体积百分数和质量百分数。一般柴油、汽油用体积百分数表示;重油、液压油和润滑油均以质量百分数表示。

(1)水分测定方法

常用的油液水分测定方法有肉眼观测法、热板溅爆法、质量法、蒸馏法、卡尔·费休库仑法、红外光谱法等。

①肉眼观测法。

采用透明取样瓶,取样后静置 1～2h 以上,如观察到乳化或游离水则表明油样含水量在 0.1% 以上。

②热板溅爆法。

采用恒温加热板对油样进行加热,若无可见气泡、无声响,可判定无游离水和乳化现象;若产生非常小的气泡且快速消失,则含水量基本在 500～1000mg/kg 区间;若有气泡形成并聚集在中心,但很快消失,可粗略预估含水量为 1000～2000mg/kg;若重复出现大气泡并可听见声响,则一般大于 2000mg/kg。

③质量法。

质量法是将恒重的称量瓶中加入一定质量的油样,放入恒温烘箱中,烘干再冷却,反复操作直至恒重,通过测定油样在烘干前后的质量差,确定其水分含量。该方法简单、仪器设备费用较低,但若油样中水分含量高,则烘干中可能会发生飞溅,影响测量精度。

④蒸馏法。

蒸馏法是将无水工业性溶剂汽油与油样混合,加入专用的蒸馏瓶中加热,溶剂性汽油沸点较低,携带水蒸发,经冷凝管冷凝后进入接收器,溶剂和水不断分离。根据接收器中的水量及油样量可计算出含水比例,测试所需油样量一般要求 100mL 以上,过低会影响测量精度。该方法成本较低、重复性较好,但一般是用来测量油液中的游离水,且测试时间较长,一般大于 1h,所以应用受到一定限制。具体测定方式参照《石油产品水含量的测定　蒸馏法》(GB/T 260—2016)、《液压传动液压油含水量检测方法》(JB/T 12920—2016)。

⑤卡尔·费休库仑法。

卡尔·费休库仑法适用于许多无机化合物和有机化合物中含水量的测定,是公认的测定物质水分含量的经典方法。该方法的基本原理是:若油液中含有水，卡氏试剂中的碘与水形成碘离子，碘离子在电解槽中经电化学反应变为碘，可依据法拉第电解定律，建立电量和水分的对应关系，从而可精确测定出油中的水分含量。但该方法操作要求高，仪器专业性强、价格昂贵，检测所需的卡氏试剂有很大的恶臭味及毒性、稳定性差、保存期短，检测人员需经专业培训，一般仅适合在实验室检测，仅适用于较高要求的检测项目，或用来校正其他分析方法及测量仪器。具体测定操作参照《石油产品、润滑油和添加剂中水含量的测定　卡尔费休库仑滴定法》(GB/T 11133—2015)执行。

⑥红外光谱法

我国红外光谱技术应用时间不长，但发展快速，是近年来在油液分析中得到不断推广应用的新技术。其利用红外光吸收定律，从物质分子的水平上，根据油液组分中各官能团对红外光谱吸收峰的出现和变化，对油液含水量予以检定。该方法检测速度快、分析效率高，不会对被测试对象产生破坏，单次检测成本低但前期投入较大。但该方法必须借助大量数据建立和维护分析模型，较适合应用于在线定量检测场景。具体测定操作可参照《通过用博立叶变换红外线光谱法的趋势分析法对用过的润滑油的状况进行监控的规程》(ASTM E2412—2010)。

(2)检测标准

目前对TBM与盾构机油液系统含水量上限量级一般为0.1%。在油液水分检测时，可参照《石油产品水含量的测定　蒸馏法》(GB/T 260—2016)执行，等效于《石油产品水分测定蒸馏法》(ASTM D95)。前者规定的含水量(体积分数，下同)最小计量值为0.03%，测定的含水量大于0.00%小于0.03%时称为痕迹；而ASTM D95方法的含水量最小计量值为0.05%。

(3)分析诊断

油液中水分的存在会加速油品各项性能指标的劣化，降低设备使用寿命。比如润滑油中水污染物的存在，将破坏润滑油膜，使得润滑效果变差，加速油中有机酸对金属的腐蚀作用。水分还会造成机械设备的锈蚀，导致润滑油的添加剂失效，使润滑油的低温流动性变差，甚至结冰，堵塞油路，妨碍润滑油的循环及供油。当润滑油进水后，油和水在油泵、运动部件的搅拌作用下，会使油品乳化，并生成油泥。水分在运动副间受高温、高压作用时，油膜中的水分变成水汽，形成小气泡，之后瞬间破裂，造成气蚀磨损，不但破坏油膜，危及润滑，还可能带来气阻影响润滑油的循环和供油。水分的存在还会促使油品氧化变质。

对于变压器油，水分的存在会使其耐电压急剧下降。相关研究表明：含400mg/kg水分的油液对比含100mg/kg水分的油液，前者可使轴承寿命降低48%，如含水量进一步上升至500mg/kg，则轴承寿命将可能折减过半，危害巨大。

水分指标变化对油品的影响见表2-5。

水分指标变化对油品的影响　表2-5

| 含水量 | 类别 | 故障现象 | 故障原因 |
| --- | --- | --- | --- |
| 水分上升 | 润滑油/液压油 | (1)水分破坏油膜的形成,使润滑效果变差;<br>(2)油品氧化变质,加速有机酸对金属腐蚀;<br>(3)使添加剂发生水解而失效;<br>(4)低温时油品流动性变差;<br>(5)水分在高温时汽化,产生气阻,影响循环 | (1)新油水含量超标;<br>(2)液压系统在使用过程中进水;<br>(3)润滑系统的密封性不好,潮湿空气进入油中 |
| | 齿轮油 | (1)油泥增多、油品乳化;<br>(2)油膜难以形成,磨损增大;<br>(3)加剧腐蚀和锈蚀;<br>(4)导致添加剂水洗失效,油品性能下降 | (1)齿轮箱盖密封欠佳,外界水分渗漏严重;<br>(2)冷凝水污染严重;<br>(3)循环系统故障,使冷却水污染油品 |

4)酸值

润滑油的酸值是表征润滑油中有机酸总含量(在大多数情况下,油品不含无机酸)的质量指标。中和1g试样所需的氢氧化钾毫克数称为酸值,单位是mgKOH/g。酸值分强酸值和弱酸值两种,两者合并即为总酸值(TAN),通常所说的“酸值”是指总酸值。

需要注意的是,除了油液本身含有的酸性物质之外,若混入其他酸性物质、润滑油氧化产生的副产物等都会造成酸值的变化,因此需根据酸值的测定结果进一步分析酸值变化的原因。

(1)酸值测定方法

酸值的测定方法分为颜色指示剂法和电位滴定法两大类。

①颜色指示剂法:是将油样溶解于规定的溶剂中,并用标准溶液滴定,以指示剂的颜色变化确定滴定终点,并按滴定所消耗的标准溶液的体积数量来计算油样的酸值,主要用于浅色油品的酸值检测。

②酸值电位滴定法:是将油样溶解在含有少量水的甲苯异丙醇混合溶剂中,在采用玻璃电极和甘汞电极的电位滴定仪上,用氢氧化钾或盐酸的异丙醇标准溶液进行滴定,以电位计读数对滴定溶剂做图,取曲线的突跃点作为滴定终点。若无明显的突跃点时,取非水碱性或酸性缓冲溶液在电位计上的电位作为滴定

终点,主要用于深色油品的测定。

(2)检测标准

根据测定方法的不同,酸值检测标准分为《石油产品酸值测定法》(GB/T 264—1983)、《石油产品和润滑剂酸值和碱值测定法(颜色指示剂法)》(GB/T 4945—2002)、《石油产品酸值的测定电位滴定法》(GB/T 7304—2014)。国外标准主要有《采用颜色指示剂滴定法的酸碱值的标准试验方法》(ASTM D974—2014)。失效量值:测量值 > 新油酸值的一倍。

(3)分析诊断

酸性物质对机械设备都具有一定的腐蚀性,尤其在有水分存在条件下,其腐蚀性更大。另外油液在储存和使用过程中因氧化变质,也会导致其酸值增大,所以常用酸值变化的大小来衡量油液的氧化安定性或作为换油指标。酸值是鉴别油品是否变质和油液防锈性能的主要指标。酸值指标变化对油品的影响见表2-6。

酸值指标变化对油品的影响　　表2-6

| 酸值变化 | 类别 | 故障现象 | 故障原因 |
| --- | --- | --- | --- |
| 酸值增高 | 润滑油/液压油 | (1)油中有较多的油泥,使液压元件不动作;<br>(2)油品氧化变质,润滑抗磨性能下降;<br>(3)金属元件受腐蚀 | (1)油品使用时间过长;<br>(2)油品氧化变质;<br>(3)油中水分及污染物过多 |
| | 齿轮油 | (1)齿轮腐蚀磨损增大;<br>(2)油泥含量增多;<br>(3)导致润滑不良,齿轮产生异常磨损 | (1)油品使用时间过长、抗氧剂损耗过快、油品氧化变质;<br>(2)水分、外来杂质污染油品;<br>(3)油品添加剂性能不稳定 |

5)总碱值

总碱值(TBN)是油液一项重要的性能指标,表示所含碱性物质的多少。这些碱性物质主要是氨基化合物、弱酸盐,如皂类、多元酸的碱性盐和重金属的盐类。国家标准将总碱值定义为在规定的条件下,中和1g油样中全部碱性组分所需高氯酸的量,以相当的KOH毫克数表示,其单位是mgKOH/g。

(1)总碱值测定方法

总碱值的测定一般采用高氯酸电位滴定法。电位滴定法分为正滴定法和反滴定法两种,其操作基本相同。以较常用的正滴定法为例,将油样溶解于滴定溶剂中,以高氯酸—冰乙酸标准滴定溶液为滴定剂,以玻璃电极为指示电极,甘汞电极为参比电极进行电位滴定,用电位滴定曲线的电位突跃来判断滴定终点。

(2)检测标准

总碱值的测定标准参考《石油产品碱值测定法(高氯酸电位滴定法)》(SH/T 0251—1993)。

(3)分析诊断

一般通过在油液中加入碱性添加剂,以此与酸性物质中和,来延缓油液的酸性劣化,总碱值代表的即是油液中和酸性物质的能力,根据总碱值指标可了解油液的使用状态和添加剂的大致消耗情况,当总碱值降低到一定程度时,油液就会酸化失效。理论上来说,总碱值越高,代表油液中和酸性物质的能力越强,清洁能力也越好,但过度的强碱性也会给机械设备带来腐蚀。以常见的内燃机油为例,其总碱值可间接表示所含清净分散添加剂的多少,一般以总碱值作为内燃机油的重要质量指标。在内燃机油的使用过程中,经常取样分析其总碱值变化的影响。碱值指标变化的分析诊断见表2-7。

碱值指标变化的分析诊断　　表2-7

| 碱值变化 | 故障现象 | 故障原因 |
| --- | --- | --- |
| 总碱值下降 | (1)缸套、轴瓦的腐蚀磨损增大;<br>(2)油品清净分散性能下降;<br>(3)油泥、积炭含量增多;<br>(4)导致润滑不良,零部件产生黏着擦伤 | (1)油品氧化严重,柴油机窜气严重;<br>(2)燃油质量不好,燃烧产物中酸性物质过多;<br>(3)碱性添加剂性能不稳定,中和能力差;<br>(4)过多水分使添加剂水洗失效 |

6)倾点和凝点

油液在标准规定的条件下冷却时,能够继续流动的最低温度称为倾点。

油液在规定的试验条件下冷却到液面不移动时的最高温度称为凝点。

润滑油在低温下流动性降低甚至凝固,主要是由于润滑油中含蜡所造成的。当降低润滑油的温度时,润滑油中的蜡分就结晶析出,进而形成网状结构,使润滑油失去流动性;但是影响润滑油低温流动性的,还有低温黏度,因为润滑油的黏度增大到定值时,润滑油也会失去流动性。所以选择低温下使用的润滑油时,除须考虑润滑油的倾点或凝点之外,还应考虑润滑油的低温黏度。

(1)凝点和倾点测定方法

凝点和倾点都是表示油液的低温流动性,两者之间并无原则性差别,只是测定方法有所不同。一般情况下倾点高于凝点2~3℃。过去苏联和我国多用凝点指标,现在我国已逐步改用倾点指标。

凝点检测方法为：油液在规定的试验条件下冷却，将样品试管倾斜45°，经1min后试样液面不移动的最高温度即为凝点。倾点的检测方法为：油液在规定的试验条件下冷却，每间隔3℃检查一次试样的流动性，直至试样能够流动的最低温度即为倾点。

(2)检测标准

油液倾点的测定按《石油产品倾点测定法》(GB/T 3535—2006)标准方法进行；油液凝点的测定按《石油产品凝点测定法》(GB/T 510—2018)标准方法进行。

(3)分析诊断

①倾点或凝点高的润滑油不能在低温下使用；否则将堵塞油路，不能正常润滑。

②对于机械设备来讲，使用倾点或凝点高的润滑油将造成启动困难，尤其是在寒冷地区，应选择较低倾点或凝点的润滑油。

③对于低温环境下使用的机械设备，在选用润滑油时，一般选用倾点或凝点比使用环境温度低10～20℃的润滑油。

④倾点往往是鉴别多级润滑油的重要参数，也是鉴别油品质量优劣的重要指标。

7)机械杂质

油液中不溶于油和规定溶剂的沉淀物和悬浮物，经过滤而分出的杂质，称为机械杂质。

油液中不可避免会出现各种杂质，其影响也是较为明显的。润滑油中的机械杂质，主要是润滑油在使用、储存和运输过程中混入的外来物，如灰尘、泥沙、金属碎屑、金属氧化物和锈末等。润滑油中机械杂质的存在，将加速机械零件的研磨、拉伤和划痕等磨损，而且堵塞油路、油嘴和滤油器，造成润滑失效。变压器油中如有机械杂质，会降低其绝缘性能。

(1)机械杂质测定方法

在一定量的试样中加入溶剂，将试样稀释，不溶于溶剂的机械杂质通过过滤后留在滤纸上，用质量法测定机械杂质的含量。

(2)检测标准

润滑油及添加剂中机械杂质的测定按《石油和石油产品及添加剂机械杂质测定法》(GB/T 511—2010)标准方法进行。

(3)分析诊断

机械杂质的存在，将加剧设备的磨损，久而久之将造成设备损伤。其对设备的影响见表2-8。

机械杂质变化对设备的影响　表 2-8

| 杂质变化 | 故障现象 | 故障原因 |
|---|---|---|
| 机械杂质上升 | (1)油泥增多,滤清器及油路堵塞;<br>(2)磨粒、积炭和粉尘加剧齿轮的磨损 | (1)使用时间过长,油品氧化变质;<br>(2)零部件磨损严重,金属磨粒增加;<br>(3)循环系统过滤器工作效果不好 |

## 2.4　油液的污染检测技术

随着工业生产的快速发展,油液系统在现代化的大型工程机械上应用更为广泛。与此同时,油液系统又有其脆弱的一面,抗污染能力差是其突出的弱点,要保证机械设备正常、可靠地运行,必须要保持整个油液系统的清洁。

### 2.4.1　油液污染物控制的重要性

油液污染控制是保障工程设备油液系统正常运转和使用寿命的决定性措施,忽略油液污染控制将造成巨大代价。油液污染将造成设备的可靠性和完好率下降、维修停机时间延长、备用零件库成本增加和维修成本上升。加强油液污染控制能有效降低油液污染带来的损害,确保设备油液系统正常、可靠运行。

油液污染控制的内容主要包括四个方面:

(1)查清污染物的来源,便于加强控制。

(2)确定污染物分析方法,定期取样开展相关检测分析。

(3)制订符合设备使用工况条件下的油液污染控制标准。

(4)制订油液污染控制的措施与实施方案,设法将油液系统的污染保持在允许的最高污染等级之下,确保油液系统正常可靠运转。

### 2.4.2　污染物的种类及来源

污染物是油液中对油液系统起危害作用的物质,它在油液中可以不同的形态存在,根据其物理形态可分成固态污染物、液态污染物和气态污染物。

1)固态污染物

固态污染物是液压和润滑系统中最普遍、危害作用最大的污染物,设备油液系统中的固态污染物主要来源有:

(1)设备系统内残留固态颗粒。系统在设备生产过程中未及时清理干净残留的微粒,如加工、组装等过程中产生的金属屑、毛刺和焊渣等。

(2)设备系统内产生的固态颗粒。主要为系统摩擦产生的磨粒,受冲刷和腐蚀等作用而产生的金属颗粒,或橡胶等密封件老化产生的粉末,以及油液因氧化、硫化、硝化和添加剂原因造成变质所产生的微粒。

(3)设备工作时外界侵入的固态颗粒。主要有因空气滤清器性能不良或孔隙较大等原因混入的颗粒,加注或更换油液的容器管路未清理、设备维修再组装时混入的颗粒等。

2)液态污染物

油液中混入液态污染物,可能会产生亲合作用,使油液乳化,降低既有性能,加速油液衰变,使油液丧失应有的作用。产生液态污染物主要原因有:

(1)油液冷却系统的渗漏。

(2)油液存储渗入或油箱含有的水分;设备运行过程中油箱的冷凝水;储存油箱或管路密封破损导致的其他液体渗入。

(3)加注新油或更换油液未经过滤器,或错加注其他液体。

3)气态污染物

油液系统里的空气来源于工作周围的大气环境,它在系统中以溶解、游离、气泡三种状态存在,在压力和温度作用下会不断相互转化。

4)其他污染物

设备油液中其他污染主要是细菌污染和化学污染。

(1)细菌污染:油液中的微生物主要源自游离水和空气,特别在有水的条件下,会滋生多种绿色或黑色菌丝状微生物,且能不断繁殖和自我维持。

(2)化学污染:主要指油液系统内一些不相容的化学物质污染,主要是表面活性物、溶剂、油液分解的产物,也有因系统清洗的含氯溶剂等物质。

### 2.4.3 油液污染的危害

1)油液中混入水分后的危害

(1)使油乳化呈白浊状态。如果油液本身的抗乳化能力较差,静止一段时间后,水分也不能与油分离,使油一直处于白浊状态。这种白浊的乳化油进入油液系统内部,不仅使设备元件生锈,同时降低其润滑性能,使零件的磨损加剧,造成设备的效率降低。

(2)造成铁系金属锈蚀。油液系统内的铁系金属生锈后,剥落的铁锈在管道和元件内流动,蔓延扩散下去,将导致整个系统内部产生更多的剥落铁锈和氧化物造成元件卡滞、拉伤等故障,甚至会造成整个油液系统瘫痪而无法正常工作。

(3)水会与油中的某些添加剂作用产生沉淀和胶质等污染物,加速油液的劣化。

(4)水与油中的硫和氯作用产生硫酸和盐酸,会加剧元件的磨蚀磨损,加速油液的氧化变质,甚至产生很多油泥。

(5)水污染物和氧化生成物,将成为进一步氧化的催化剂,最终导致元件堵塞或卡死,引起油液系统动作失灵等系列故障。

(6)在低温时,水凝结成微小冰粒,也容易堵塞油液系统。

2)油液中混入固态杂质颗粒的危害

(1)当杂质颗粒进入到摩擦或滑动副之间时,均可能使磨损加剧,甚至造成卡死故障。杂质颗粒还有可能堵塞油液系统循环管道,使之发生气蚀或造成多种并发故障。

(2)杂质颗粒会使活塞与缸体、活塞杆与缸盖孔及密封元件产生拉伤和磨损,使泄油量增大,容积效率和有效推力(拉力)降低,如果杂质颗粒卡住活塞或活塞杆,致使油缸不能动作。

(3)杂质颗粒可能引起滑阀卡死或节流孔堵塞,造成阀动作失灵。

3)污染物繁殖细菌的危害

(1)加剧油液老化、物理性质改变,使油液发黑发臭,更进一步产生污染。

(2)污染物堵塞油液循环系统,导致油泵吸空、产生振动或噪声。

(3)污染物使油缸、齿轮、轴承或马达的摩擦力增大,产生爬行。

(4)污染物使伺服阀等抗污染能力差的元件丧失功能。

(5)污染物堵塞压力表通道,使油液系统压力得不到正确传递和反应。

4)气态污染物的危害

(1)降低油液的压缩弹性,导致系统响应迟缓,带来状态不稳定。

(2)影响阀块通油能力,造成阀块失灵。

(3)造成系统温升,继而引起胶圈老化、系统漏油、油液润滑性变差等状况。

(4)加速油液氧化变质,油液酸值升高,缩短油液寿命。

(5)带来气蚀损害,油液中压缩气泡破裂时会产生管道颗粒物、水和二氧化碳,会对管路产生破坏,同时可伴随高温高压循环污染油液。

(6)增加系统工作所需能量,过多气体会造成压力不稳定或压力丧失。

### 2.4.4 油液污染的检测方法

1)称重法

油液称重法是在真空或者 100 级的洁净实验室[《洁净厂房设计规范》

（GB 50073—2013）]条件下，通过一片滤膜，或两片同样的重叠滤膜过滤已知体积液体，若采用一片滤膜，过滤后滤膜增加的质量计为该体积液体中杂质的含量，采用两片滤膜时，过滤后这两片滤膜分别增加的质量之差，计为该体积液体中杂质的含量，具体检测方法可参照《液压传动　液体污染　采用称重法测定颗粒污染度》（GB/T 27613—2011）操作。

2）显微镜计数法

显微镜计数法是利用微孔滤膜将一定体积的油液过滤，油液中的颗粒收集于滤膜表面，再将滤膜制成试片，在光学显微镜下对试片上的颗粒进行人工计数，从而计算出油品的颗粒污染度。具体检测方法可参照《液压传动　液体污染　采用光学显微镜测定颗粒污染度的方法》（GB/T 20082—2006）操作。

3）颗粒计数法

采用遮光原理和激光光源的自动颗粒计数器是油液颗粒污染度测定的主要仪器。其工作原理是让被测试油液通过一面积狭小的透明传感区，激光光源发出的激光，沿着与油液流向垂直的方向透过传感区，透过传感区的光信号经光电二极管转换为电信号。若油液中有一个颗粒通过，则光源发出的激光有一部分被该颗粒遮挡，使光电二极管接收到的光量减弱，于是产生一个电脉冲。电脉冲的幅度与颗粒的投影面积成正比，即与颗粒的大小成正比，电脉冲的数量即为颗粒的数量，具体检测方法可参照《液压传动　采用遮光原理的自动颗粒计数法测定液样颗粒污染度》（GB/T 37163—2018）操作。

自动颗粒计数器必须经过标定后才能使用。需要注意的是：油液中的水分与气泡会影响自动颗粒计数器固体颗粒计数的准确性，计数时需消除二者的影响。

## 2.4.5　油液污染控制

1）油液污染度等级标准

油液污染度是指单位体积油液中固体颗粒污染物的含量，即油液中固体颗粒污染的浓度，是评定油液污染程度的重要指标。对于其他污染物，如水和空气，则单独用水含量和空气含量表示。

目前油液污染度主要采用质量污染度和颗粒污染度两种表示方法，质量污染度以单位体积油液中所含固体颗粒污染度的质量为衡量，一般用 mL/L 表示；颗粒污染度为单位体积油液中所含各种尺寸的颗粒数。颗粒尺寸范围以区间表示，如 5 ~ 15μm，15 ~ 25μm 等；也可用大于某一尺寸表示，如 >5μm，>15μm 等。

质量污染度表示方法相对简单，不能反映颗粒污染物的尺寸及分布，而颗粒污染物对元件和系统的危害，与其粒径分布密切相关，因而随着颗粒计数技术的发展,目前油液检测中已普遍采用颗粒污染度的表示方法。

为了定量评定油液污染程度,近年来已趋向于采用统一的国际标准,我国制定的《液压传动—油液固体颗粒污染等级代号》(GB/T 14039—2002),等效采用《液压油中固体颗粒污染度分级方法》(ISO 4406—2017)作为液压油液的清洁度标准。

2)NAS 1638 固体颗粒污染物等级

NAS 1638 是美国航天工业联合会(AIA)于 1964 年提出的,目前在美国及世界上许多国家广泛采用。它以颗粒浓度为基础,按照 100mL 油液中 5 ~ 15μm、15 ~ 25μm、25 ~ 50μm、50 ~ 100μm 和 >100μm5 个尺寸区间,以其最大允许颗粒数为标准划分污染物等级。TBM 与盾构机液压、润滑系统用油清洁度要求优于 NAS9 级。

3)ISO 4406 油液污染度等级国际标准

ISO 4406—1999 油液污染度等级国际标准采用 3 个数码表示油液的污染度等级,第一个数码表示每毫升油液中大于或等于 4μm 的颗粒的数量;第二个数码表示每毫升油液中大于或等于 6μm 的颗粒的数量;第三个数码表示每毫升油液中大于或等于 14μm 的颗粒的数量,3 个数码之间用斜线分隔(如 22/18/15)。ISO 4406—1999 污染度等级见表 2-9。

**ISO 4406—1999 油液污染度等级标准** 表 2-9

| 每毫升油液含有的颗粒物数目(个) | | 等级数码 | 每毫升油液含有的颗粒物数目(个) | | 等级数码 |
|---|---|---|---|---|---|
| 最小值 | 最大值 | | 最小值 | 最大值 | |
| 2500000 | | >28 | 80 | 160 | 14 |
| 1300000 | 2500000 | 28 | 40 | 80 | 13 |
| 640000 | 1300000 | 27 | 20 | 40 | 12 |
| 320000 | 640000 | 26 | 10 | 20 | 11 |
| 160000 | 320000 | 25 | 5 | 10 | 10 |
| 80000 | 160000 | 24 | 2.5 | 5 | 9 |
| 40000 | 80000 | 23 | 1.3 | 2.5 | 8 |
| 20000 | 40000 | 22 | 0.64 | 1.3 | 7 |
| 10000 | 20000 | 21 | 0.32 | 0.64 | 6 |
| 5000 | 10000 | 20 | 0.16 | 0.32 | 5 |
| 2500 | 5000 | 19 | 0.08 | 0.16 | 4 |
| 1300 | 2500 | 18 | 0.04 | 0.08 | 3 |
| 640 | 1300 | 17 | 0.02 | 0.04 | 2 |
| 320 | 640 | 16 | 0.01 | 0.02 | 1 |
| 160 | 320 | 15 | 0.00 | 0.01 | 0 |

例如：若污染度等级为18/16/13，查表我们可以得出，大于或等于4μm的颗粒物数目在1300～2500个每毫升，大于或等于6μm的颗粒为320～640个每毫升，大于或等于14μm的颗粒物在40～80个每毫升。反之，如测得油液中大于或等于4μm的颗粒数为40000个每毫升，大于或等于6μm的颗粒数为1600个每毫升，大于或等于14μm的颗粒数为80个每毫升，则可知油液对应的污染度等级为22/18/13。

从表2-9中我们可以看出，等级数码越大，说明油液越脏，含有的颗粒物越多。ISO 4406污染度等级标准所选择的3个具有特征代表的尺寸，它们基本反映了油液中较小颗粒可能引起堵塞淤积和较大颗粒可能产生的磨损等危害。

4）ISO 4406和其他几种污染度等级之间对应关系

除ISO 4406、NAS 1638标准外，其他还有SAE 749D标准、ACFTD标准等。ISO 4406和其他几种污染度等级之间对应关系见表2-10。

**ISO 4406与其他污染度等级对照表**　　表2-10

| ISO 4406 | NAS 1638 | 每毫升油液中大于10μm颗粒数(个) |
|---|---|---|
| 26/23 | | 140000 |
| 25/23 | | 85000 |
| 23/20 | | 14000 |
| 21/18 | 12 | 4500 |
| 20/18 | | 2400 |
| 20/17 | 11 | 2300 |
| 20/16 | | 1400 |
| 19/16 | 10 | 1200 |
| 18/15 | 9 | 580 |
| 17/14 | 8 | 280 |
| 16/13 | 7 | 140 |
| 15/12 | 6 | 70 |
| 14/12 | | 40 |
| 14/11 | 5 | 35 |
| 13/10 | 4 | 14 |
| 12/9 | 3 | 9 |
| 11/8 | 2 | 5 |
| 10/8 | | 3 |
| 10/7 | 1 | 2.3 |
| 10/6 | | 1.4 |
| 9/6 | 0 | 1.2 |
| 8/5 | 00 | 0.6 |

续上表

| ISO 4406 | NAS 1638 | SAE 749D | 每毫升油液中大于10μm颗粒数(个) | ACFTD(质量浓度 mg/L) |
|---|---|---|---|---|
| 7/5 | | | 0.3 | |
| 6/3 | | | 0.14 | 0.001 |

目前采用 NAS 1638 和 ISO 4406 污染度等级标准的最小颗粒尺寸均为 5μm。随着液压等技术的进一步发展,对油液污染度控制将进一步提高,目前 1～3μm 的高精度滤油器已应用于清洁度要求高的油液系统中。

5)油液污染控制措施

油液清洁度的提高对延长设备工作寿命及提高整机可靠性起着决定性的作用,因此需制订严格的控制措施,加强设备油液系统的污染控制,常见的控制措施如下:

(1)制订或选择合理的油液污染等级标准

油液污染等级标准是判定油液合格与否的重要依据,对于不同的设备,要结合设备自身情况及工作环境制订相应的油液系统污染等级标准,上述标准的制订和选择主要取决于设备自身设计,理论上设备精度越高、接触面变化越快、接触面贴合越严密则对油液污染越敏感。

(2)定期对油液进行检测

对设备油液定期检测,首先要根据设备的结构和使用情况确定取样要求,选择不同仪器进行检测,例如油液在线实时监测系统能有效反映油液实时状态,可为检修人员提供参考和预警,不失为一种好的检测方式。

(3)选择合适的油液过滤与净化方法

固体颗粒物是液压和润滑系统中最普遍、危害最大的污染物,去除固体污染物的方法主要有机械过滤、磁性过滤、离心分离、沉降分离、静电分离等。由于机械过滤采用的装置体积小、质量轻、过滤精度高、过滤能力强并可反复循环使用,应用较为广泛,采用此类过滤方式,选用合适的滤芯材质、过滤等级、过滤效率和纳垢容量是工作重点。

(4)实施可靠的油液污染控制措施

设备油液的控制是一个全过程的工作,贯穿设计制造、装配运输和存放、使用的各个阶段。设计制造过程必须尽量消除污染源和提高设备自身的控制净化能力;装配运输和存放必须严格工艺要求;使用阶段必须把好污染物入侵关口。

## 2.5 铁谱分析技术

铁谱分析技术是20世纪70年代出现的一种新的以润滑剂为样本的机械磨

损测试方法，因采用的是磁性分离磨粒的原理，属于最敏感于铁系的金属颗粒，因此命名为“铁谱分析技术”。借助于高梯度强磁场，铁谱仪可以将油液中的金属磨粒有序分离，对磨粒的尺寸、数量、形貌、成分进行分析，从而监测设备运转状态、磨损趋势、判断磨损机理。在现有机械磨损测试手段中，唯有利用铁谱分析技术能实现磨粒大小依序沉积和排列，并可借助显微镜直接观察机械磨损产物。无论从磨料的单体特征（形状、大小、成分、表面细节等），还是磨粒的群体特性（总量、粒度分布等），都带有关于机械摩擦副和润滑系统状态的丰富信息。而这些信息的获得均无须传统的费工、耗时又破坏现状的拆卸机械方法。正因如此，在铁谱分析技术问世后，其在科学研究和工程技术两个方向上加以应用的同时，自身也得以迅速发展。

与其他技术相比，铁谱分析技术具有独特的优势：一是能分离出油液中所含较宽尺寸范围的磨粒，故应用范围广；二是利用铁谱仪将磨粒重叠地沉积在基片或沉淀管中，进而对磨粒进行定性观察分析和定量测量，综合判断机械的磨损程度；同时还可对磨粒的组成元素进行分析，以判断其产生位置，即磨损发生的部位。铁谱分析技术的缺点在于对油液中非铁系颗粒的检测能力较弱，例如在对含有多种材质摩擦副的机器（如发动机）进行监测诊断时，往往力感不足，分析结果较多依赖检测人员经验，不能适应大规模设备群的故障诊断。

### 2.5.1　分析式铁谱仪

1）基本结构及工作原理

分析式铁谱仪亦称制谱仪（图2-10），是最先发明、最基本和最具有铁谱分析技术特点的铁谱仪，它与铁谱显微镜组成分析式铁谱仪系统。

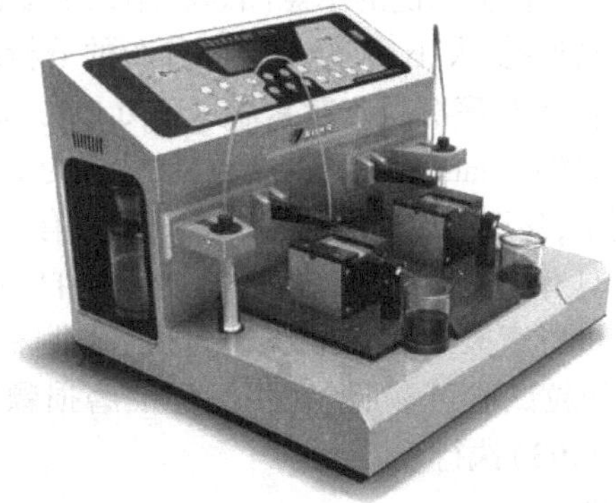

图2-10　分析式铁谱仪

分析式铁谱仪的工作原理是利用高梯度强磁场,将油液中的磨粒按其粒度大小依序分离出来,并通过对微粒形态、大小、成分以及粒度分布等的定性和定量检测,获得有关摩擦副和润滑系统等工作状态的重要信息,从而分析机械装备的磨损机理和判断磨损状态。

2)试验方法

分析式铁谱仪试验方法如图 2-11 所示。微量空气泵以极小的流量将空气压入密封的试管,试管内盛有待分析油样。在压缩空气的作用下,油样受压滴落在以一定角度倾斜放置于高梯度强磁铁上方的铁谱基片上(倾斜角度为 1°~2°)。在铁谱基片上设置有 U 形憎油性限流带,可限制油样在基片上沿垂直于磁铁磁力线的方向自上而下流动。在磁场力、重力和黏滞阻力等作用力的共同作用下,油样中的磨粒沉积在铁谱基片上。经四氯乙烯溶剂冲洗,去除基片上的残液后,磨粒便牢固地黏附在铁谱基片上,至此完成铁谱片制作。

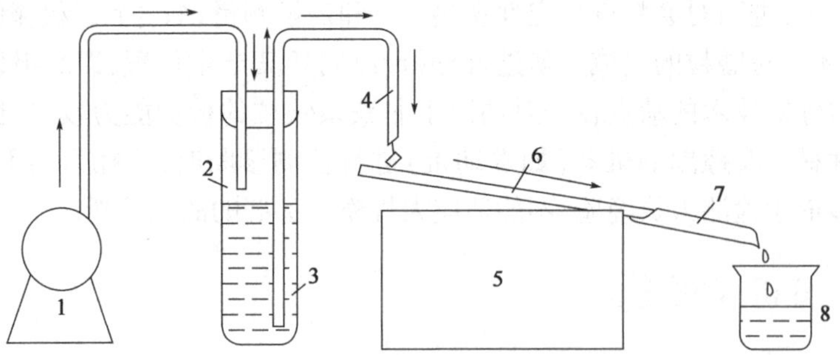


图 2-11 分析式铁谱仪试验方法

1-微量空气泵;2-试管;3-分析油样;4-导油管;5-高梯度强磁铁;6-铁谱基片;7-排油管;8-废油杯

图 2-12 是铁谱片上磨粒沉积链的示意图。利用铁谱显微镜观测铁谱片上的磨粒,就可以得到有关其形态、大小、成分及粒度分布的分析结果。油样中的铁磁性磨粒,按其尺寸大小依次有序沉积。在紧靠入口处下方,沉积了尺寸大于 5μm 的磨粒;在距铁谱片出口端 50mm 处沉积的磨粒,尺寸多为 1~2μm;而在靠近铁谱片出口端,磨粒尺寸更小,甚至不以连续的链线状沉积。有色金属磨粒和非金属磨粒不按这种规律沉积,具有随机性,但在铁谱片上亦有各自的排列特点。这些所传递出的重要信息,成为进行摩擦学研究、机械磨损状态监测和故障诊断的依据。

在用润滑油磨损颗粒试验可参照《在用润滑油磨损颗粒试验法(分析式铁谱法)》(SH/T 0573—1993)执行。

3)磨粒种类及识别

磨粒识别特征和形成机理见表 2-11。

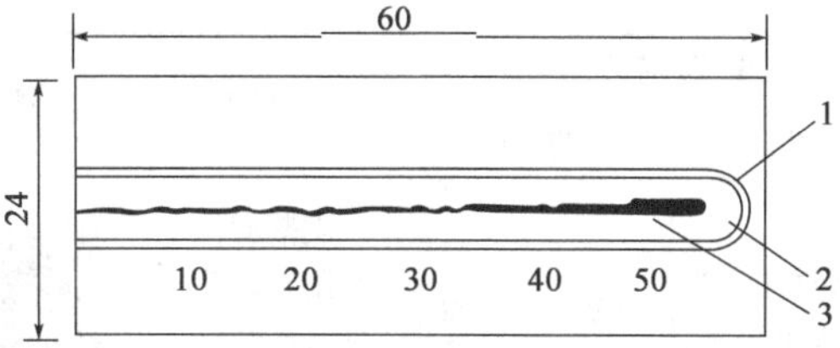


图 2-12 铁谱片磨粒沉积链示意图(尺寸单位:mm)
1-限流带;2-油样入口区;3-沉积磨粒带

**磨粒识别特征和形成机理** 表 2-11

| 分类 | 名称 | 识别特征 | | 产生机理 | 铁谱图显微照片 |
|---|---|---|---|---|---|
| | | 形状 | 粒度(μm) | | |
| 铁系金属 | 正常磨粒 | 薄片,表面高度抛光,在铁谱片上沿磁力线链状分布 | 长度 $L$:<15;厚度 $D$:0.15~1;$L/D$:3~10 | 摩擦磨损、毕氏层的疲劳脱落 |  |
| | 磨合磨粒 | 细长、片状,表面粗糙,有机加工痕迹 | 长度 $L$:<15;厚度 $D$:0.15~1;$L/D$:3~10 | 机械零件表面磨合过程产生 | 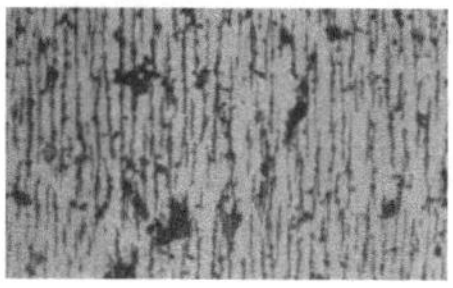 |
| | 切削磨粒 | 切屑状,可呈现螺旋形弧形 | 较大者;长度 $L$:25~100;宽度 $W$:<5; | 较大者:因表面破坏而产生二体磨料磨损 | 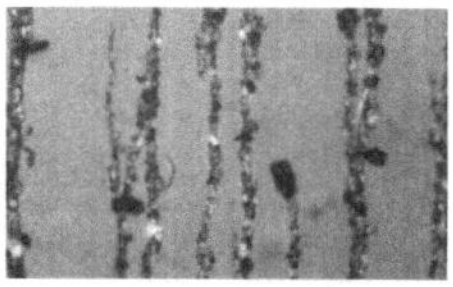 |
| | | | 较小者:长度 $L$:<10 宽度 $W$:<1 | 较小者:因砂粒等污染物存在而形成的三体磨料磨损 | |
| | 滚动疲劳磨粒 疲劳剥落颗粒 | 较薄块状,光滑表面带有麻点,轮廓不规则 | 长度 $L$:10~100;$L/D$:10 | 摩擦副表面疲劳微裂纹发展连通后材料剥落形成 | 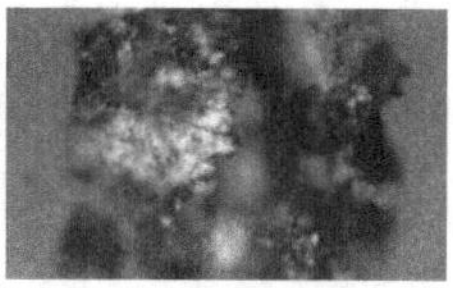 |

续上表

| 分类 | 名称 | | 识别特征 | | 产生机理 | 铁谱图显微照片 |
|---|---|---|---|---|---|---|
| | | | 形状 | 粒度(μm) | | |
| 铁系金属 | 滚动疲劳磨粒 | 片状磨粒 | 极薄游离金属磨粒,表面有孔洞折皱等缺陷 | 长度 $L$:20～50;$L/D$:30 | 剥落磨粒黏附于滚动件表面受碾压作用而形成 |  |
| | | 球粒 | 表面光滑,球形 | 直径:1～5 | 产生于滚动疲劳裂纹内部 | 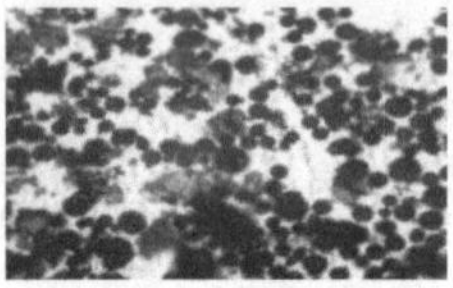 |
| | 滚滑复合磨粒 | 疲劳剥落颗粒 | 较厚块状,表面光滑带麻点,轮廓不规则 | 长度 $L$:10～100;$L/D$:4～10 | 产生于齿轮啮合面节圆处,因疲劳裂纹贯通形成 | 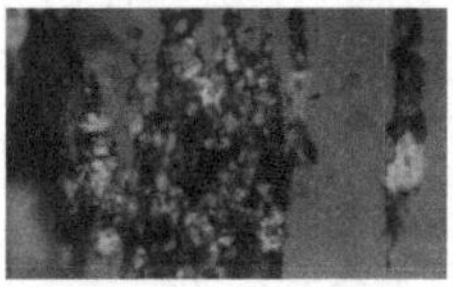 |
| | | 黏着磨粒 | 表面粗糙,严重拉毛,有擦痕,轮廓不规则,有大量氧化物共存,有时呈黄、蓝回火色 | 长度 $L$:10～100 | 产生于齿轮啮合面,齿顶与节圆、齿根与节圆之间的黏着磨损,高温使磨粒表面氧化,并有氧化物生成 | 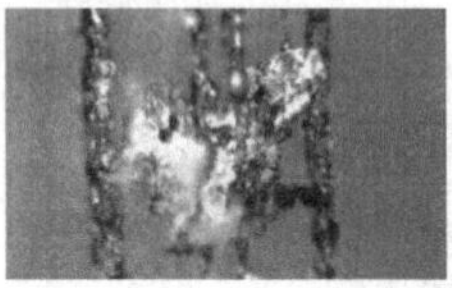 |
| | 严重滑动磨粒 | | 表面光滑但带有明显平行划痕或开裂迹象,棱边平直 | 长度 $L$:>20;$L/D$:约10 | 相对运动表面由于负荷、速度等过载产生过高剪切应力,切混层不稳定,局部黏着产生大的磨粒 | 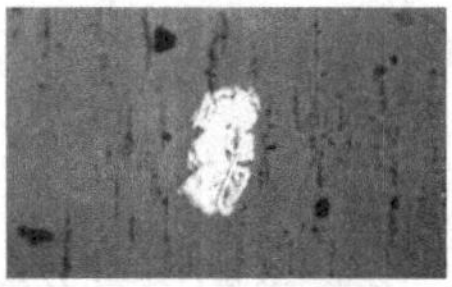 |

续上表

<table>
<tr><th rowspan="2">分类</th><th rowspan="2" colspan="2">名称</th><th colspan="2">识别特征</th><th rowspan="2">产生机理</th><th rowspan="2">铁谱图显微照片</th></tr>
<tr><th>形状</th><th>粒度(μm)</th></tr>
<tr><td rowspan="4">有色金属</td><td colspan="5">有色金属磨粒首先可从它们在铁谱片上的沉积方式加以识别：<br>(1)因磁性差异，不似铁系金属磨粒十分明显地按粒度排列，有色金属不同粒度的磨粒会随机地在铁谱片上沉积；<br>(2)磨粒长轴方向与磁力线方向呈一定角度，磨粒一般在沉积链间沉积</td><td></td></tr>
<tr><td colspan="2">白色有色金属磨粒</td><td colspan="2">指铝、银、铬、镁、钼、锑、锌，以铝合金磨粒为例，表面呈白色，它们之间的区分，见铁谱片加热分析法(HAF)</td><td>以铝粒为例，如铝活塞铸铝件或铝合金轴瓦等</td><td>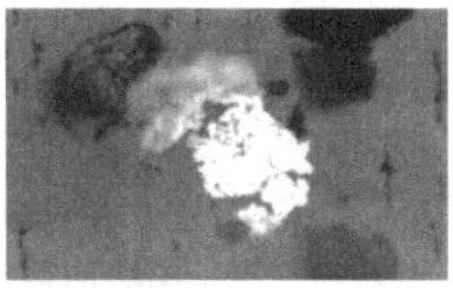</td></tr>
<tr><td colspan="2">铜合金磨粒</td><td colspan="2">呈不同深度的红黄基色</td><td>铜合金摩擦副，如滑动轴承、滚动轴承保持架等</td><td>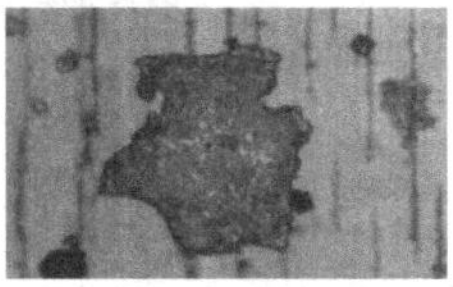</td></tr>
<tr><td colspan="2">铅—锡合金磨粒</td><td colspan="2">因材质极软、熔点极低而无清晰边缘但呈圆形熔融轮廓，表面可见蓝色或橙色氧化斑点</td><td>巴氏合金滑动轴承表面铅—锡镀层因油膜瞬时破裂而擦伤剥落，因伴有高温，常造成摩擦副表面镀层下基材的磨蚀磨损</td><td>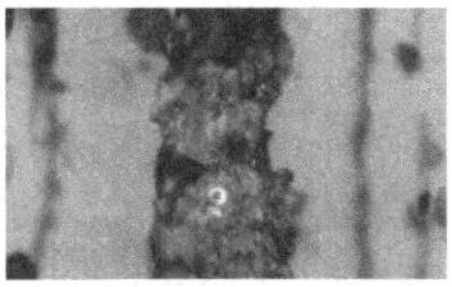</td></tr>
<tr><td rowspan="2">氧化物</td><td rowspan="2">红色氧化铁磨粒</td><td>$Fe_2O_3$多晶体团粒</td><td colspan="2">团状，粒度较大，无清晰边缘，偏振光照明下呈橙黄或橘红色，无光泽</td><td>油液中含水</td><td>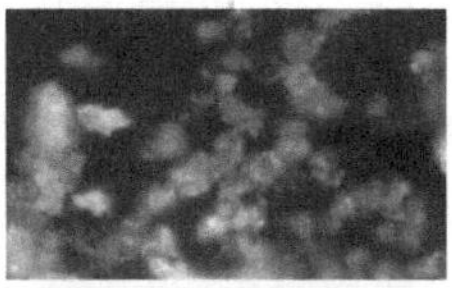</td></tr>
<tr><td>$Fe_2O_3$磨粒</td><td colspan="2">粒状，粒度近似金属磨粒，边缘清晰，呈橙黄或橘红色，有一定光泽</td><td>润滑不良，表面氧化，腐蚀磨损产生</td><td>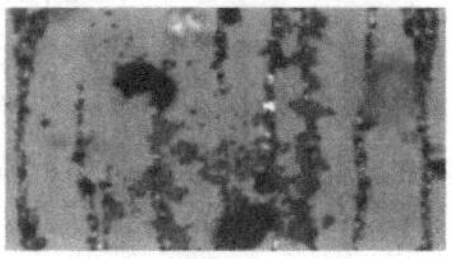</td></tr>
</table>

续上表

| 分类 | 名称 | 识别特征 | | 产生机理 | 铁谱图显微照片 |
|---|---|---|---|---|---|
| | | 形状 | 粒度(μm) | | |
| 氧化物 | 黑色氧化铁 | 表面粗糙不平岩石状颗粒，呈棕黑色，有磁性沉积特征，“挂”在沉积链上 | | 严重润滑不良，表面发生局部干摩擦，出现高温产生$Fe_3O_4$、$Fe_2O_3$或FeO的混合物 | 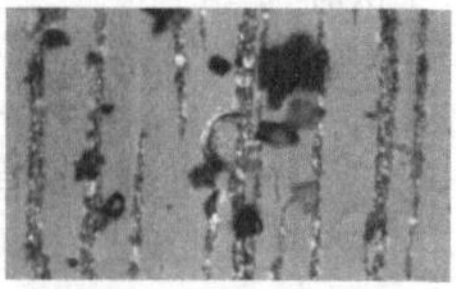 |
| | 暗金属氧化物 | 与游离金属磨粒共存，呈暗灰色，因表面形成较厚的氧化膜，采用铁谱片加热法分析时仍不变色 | | 润滑状态不良，伴随高温的表面氧化 | 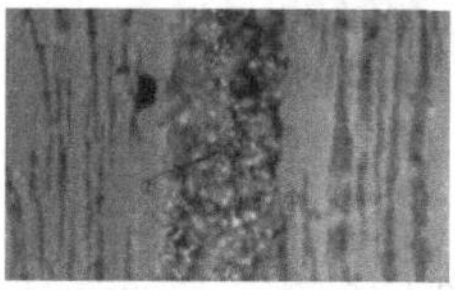 |
| | 腐蚀磨损微粒 | 亚微米级的极细微粒，黄褐色，成片堆积在铁谱片出口端 | | 油中酸性物质或环境造成摩擦副金属材料的腐蚀磨损 |  |
| 润滑剂产物 | 摩擦聚合物 | 细小的游离金属镶嵌在非晶体的大片透明母体之中，在显微镜红—绿双色照明之下，金属粒呈明亮红色，母体呈透明绿色 | | 在摩擦副接触的高应力区，润滑油分子发生聚合反应而生成大块凝聚物；金属微粒起到促进形成作用，一般是过载高温的标志 |  |
| | 二硫化钼 | 二硫化钼是润滑剂中的固体润滑添加剂，呈片状，边缘平直，灰紫色，无磁性沉积特征，黏附金属磨粒而沉积。铁谱片加热法分析时颜色不变 | | 受油膜油层的剪切应力而形成的片状颗粒 |  |

续上表

| 分类 | 名称 | 识别特征 | | 产生机理 | 铁谱图显微照片 |
|---|---|---|---|---|---|
| | | 形状 | 粒度(μm) | | |
| 污染物 | 砂粒 | 偏振光下具有如钻石般极亮白色光泽 | | 空气滤清器缺陷，使尘埃进入燃烧系统 | 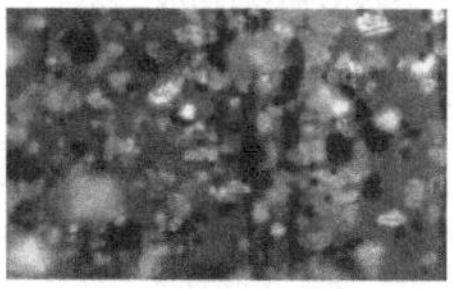 |
| | 人造纤维 | 挺直，偏振光下具有如同细管形态和色泽 | | 油滤器滤芯材料损坏脱落 |  |
| | 植物纤维 | 卷曲，偏振光下具有如同纸带形态和色泽 | | | |
| | 炭片 | 扁平，大块碎裂状，黑褐色 | | 燃油燃烧形成的积炭或含炭密封件磨损碎屑进入润滑油 | 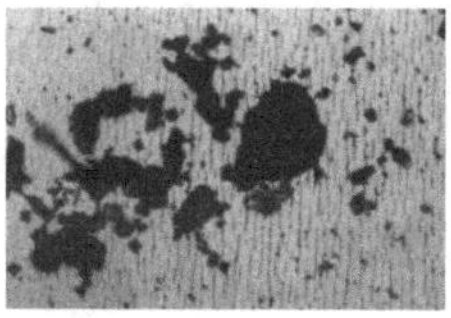 |
| | 盐粒 | 普通光照明下，方晶状透明；偏振光下，有彩色干涉花纹 | | 环境污染 | 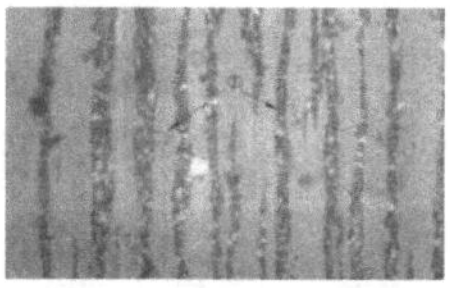 |
| | 其他 | 各自组成材料的形态、颜色物理特征 | | 来自润滑剂容器、润滑系统、环境等方面的污染 | 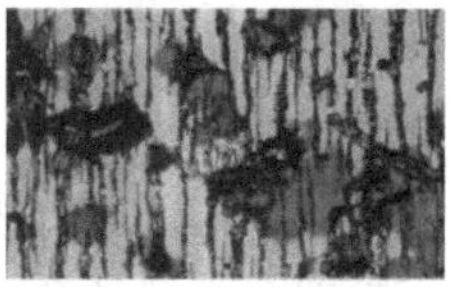 |

4）铁谱片加热分析法

铁谱片加热分析法（HAF）是铁谱分析技术中识别磨粒合金成分十分有效的手段。该技术所涉及的识别合金成分，系指对磨粒的合金属类别判识，而并不需要更细腻地追求其具体的元素组成及元素含量。例如在同属铁系合金的材料中，区分出是铸铁，还是低碳钢；在同属有色金属中，区分出是铝合金，还是如钼、锌等其他白色有色金属。这种方法在对大型机器(例如柴油机)进行工况监测和故障诊断的应用中已能满足基本要求。因为,我们事先已经了解了机器各零部件的材质情况,而更为关注的是在铁谱片上所看到的磨损颗粒其材质是与哪一个零部件相吻合。铁谱片加热分析法只需依靠简单的设备和操作,就能在铁谱显微镜观察下,判断出磨粒的合金属类。实践证明,该方法是投资少、操作简单、十分实用的判断磨粒成分的有效辅助手段。

(1)铁谱片加热分析法的原理

铁谱片加热分析法主要利用了金属材料在不同的环境温度下,会产生不同颜色的回火色。而这一自然现象则源于金属材料氧化膜的生长化学过程和在氧化膜厚度上形成光的干涉这一物理效应。如图2-13所示,假设图中的磨粒由铁系金属组成,在常温下铁系材料与空气接触,就会发生氧化。通常这个氧化膜极薄,肉眼不可分辨。当铁系材料处于加热状态并高于200℃时,表面膜会进一步生长,其厚度和光学特性都趋于均匀。假设其厚度为$\delta$,当光线照射在磨粒上时,首先有一部分光能被氧化膜上表面反射,形成图中的光束①;而另一部分光能穿过氧化膜,经材料基体表面反射后返回空气,形成图中的光束②。

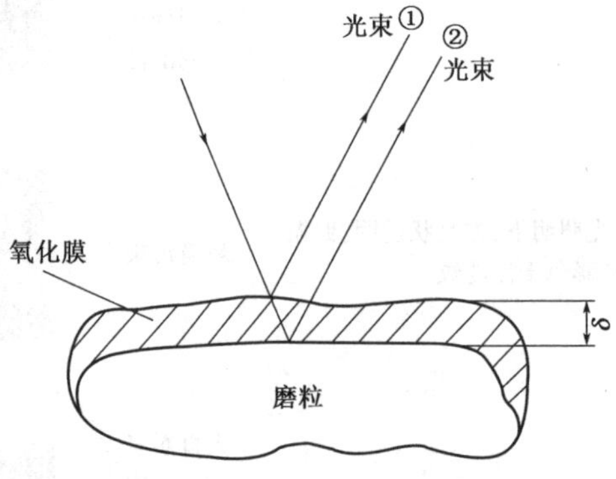


图2-13 磨粒表面形成回火色示意图

根据物理光学原理,这两束光因有$2\delta$的光程差而相互有了相位差。再度合成后,必然会发生干涉现象。如果照射在磨粒上的光是含有各种波长(即颜色)的白光,当某种颜色光的波长符合光程差(即等于半波长奇数倍条件时),此颜色光经磨粒表面反射后将消失。

根据综合列式条件,对应于铁谱片加热分析法,可简化表达为,当磨粒表面氧化膜的厚度恰恰等于某一单色光1/4波长的奇数倍时,其表面就呈现出该单色光的互补色。例如,当氧化膜的厚度是蓝/紫色1/4波长即约0.038μm时,磨粒表面呈草黄色；当氧化膜增厚，是波长较长的红/橙色光1/4波长即约0.055μm时，磨粒表面呈蓝色。不同材质金属表面氧化膜生长速度是不一样的。因此可以根据加热后同一温度下金属材料表面的颜色（回火色）来判断材料的合金属类。

（2）铁谱片加热分析法的操作

①观察设备：铁谱显微镜。

②照明方式：白色反射光，绿色透射光。

③加热设备：可预置温度和自动控温的平板式电炉或马弗炉，最高加热温度不低于540℃。

④加热温度：四级加热，第一级为330℃ ±10℃；第二级为400℃ ±10℃；第三级为480℃ ±10℃；第四级为540℃ ±10℃。

⑤保温时间：90s。

⑥冷却方式：自然冷却。

具体操作如下：将被分析铁谱片上之磨粒置于铁谱显微镜视场中，仔细观察并进行显微拍照以备比较。取下铁谱片，放在预置温度为第一级的平板式电炉上，由室温起开始加热。当温度达到330℃时，电炉自动恒温。计时90s之后，断开电炉电源，自然冷却。待炉体和铁谱片温度都降至室温后，再将铁谱片放在铁谱显微镜载物台上进行观察，与加热前的同一视场进行比较。若需加热到第二至四级温度，则仍从室温开始，重复上述操作。

表2-12列出几种典型的铁系合金材料磨粒在不同加热级温度下的回火色。对于同属铁系合金类的铸铁、低碳钢、不锈钢磨粒，在铁谱显微镜的常规观察下很难区分，因为它们都呈现出明亮的白色。在对柴油机这类含有多种铁系摩擦副的机器进行磨粒分析时，往往要判断磨粒是来自铸铁件（如缸套）还是来自铸（锻）钢件（如曲轴）。此时，铁谱片加热分析法发挥了十分重要的作用。因为在同一适当温度下，它们会各自呈现出对比十分鲜明的蓝色和草黄色。实践表明，在多数情况下，只需加热到第一级加热温度330℃即可。在这一温度下，铸铁已能与制造柴油机所需的全部钢种和铝合金加以区分。柴油机一般只用这些普通材料制造。

铁系磨粒在不同加热级温度下的回火色　　表2-12

| 典型材料 | 同类合金 | 颜色变化 | | | |
|---|---|---|---|---|---|
| | | 第一级（330℃） | 第二级（400℃） | 第三级（480℃） | 第四级（540℃） |
| 工具钢 | 碳钢和低合金钢 | 蓝 | 浅灰 | — | — |

续上表

| 典型材料 | 同类合金 | 颜色变化 | | | |
|---|---|---|---|---|---|
| | | 第一级(330℃) | 第二级(400℃) | 第三级(480℃) | 第四级(540℃) |
| 铸铁 | 合金含量为3%~8%的中合金钢 | 草黄色至青铜色 | 深青铜色和带斑纹的蓝色 | — | — |
| 不锈钢 | 高合金钢 | 无变化 | 一般无变化,有些磨粒轻微发黄 | 多数磨粒呈草黄色至青铜色,有些磨粒发蓝 | 多数磨粒仍为草黄色到青铜色,有些磨粒显出带有斑纹的蓝色 |
| 高纯镍 | 高镍合金 | 无变化 | 无变化 | 多数磨粒呈发蓝青铜色 | 全部磨粒呈蓝或蓝灰色 |

对于常见的有色金属材质的磨粒,则很难用单一的加热法加以区分。润滑油中通常含有的有色金属微粒包括铜、铅锡合金以及铝、钼、锌、铬、镁、银等白色金属。沉积在铁谱片上的铜磨粒由于其自身特性,无需铁谱片加热法就很容易与其他金属微粒区分开,颜色方面其橘黄色相较于其他材料加热后的近似黄色的回火色,要更均匀,并呈微红状。再加之它在铁谱片上沉积状态的特点,一般不会与其他磨粒混淆。铅锡合金熔点较低,易氧化和腐蚀,因此在白光照射下呈黑色,铁谱片加热后,会呈现边缘浑圆的熔融态,表面会出现彩斑。

各种白色有色金属磨粒之间则很难区分。如果不以某种化合物形式存在,则全部呈白色且有一定的光泽。铁谱片加热法表明,即便加热到第二级温度,它们表面的颜色仍呈毫无变化的白色。有国外学者推荐配合使用化学方法,即在磨粒表面滴上酸、碱液体,以观察变化情况。这种方法在试验上是可行的,但不适合于工程应用,故很少采用。当前大型机械中多采用铝合金材料,对同属白色有色金属类的各金属磨粒间加以区分的应用场合尚不多见。试验证明,在某些白色金属间,其自然的形态和颜色也是可以区分的,如柴油机油样中的铝粒和钼粒。

### 2.5.2 直读式铁谱仪

1)工作原理

直读式铁谱仪(图2-14)是继分析式铁谱仪之后发明的具有准确定量和快速测试特点的铁谱仪。

直读式铁谱仪的原理：其核心部分仍是一块高梯度强磁铁，以一定角度与油样流动方向相反地倾斜设置，在其磁场狭缝处平行放置一透明玻璃制成的沉积管，被分析油样在虹吸作用下由试管进入毛细管，再靠自身重力流入沉积管，即进入磁场。油样中的铁磁性磨粒在高梯度强磁场作用下，克服油样的黏滞阻力，依其自身粒度由大到小依序沉积在沉积管内壁上。与分析式铁谱仪有所不同，在直读式铁谱仪中，磨粒是在一个透明的玻璃管，即沉积管中被磁场分离和沉积下来的。磨粒在玻璃管内沉积状态如图 2-15 所示。

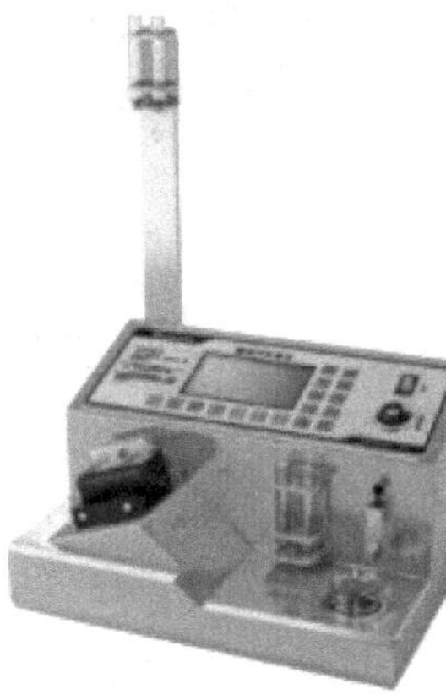

图 2-14　直读式铁谱仪

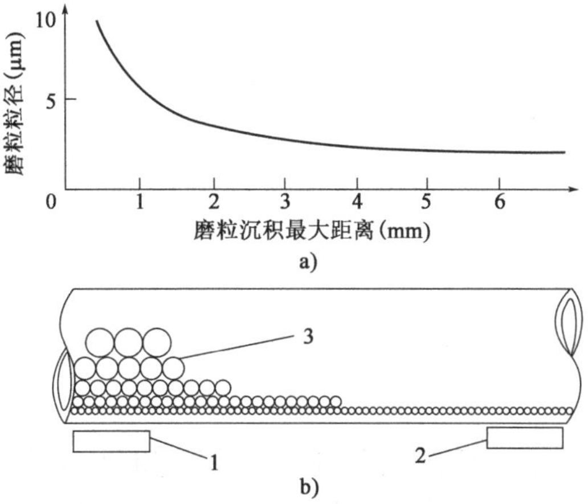


图 2-15　直读式铁谱仪中磨粒沉积状态示意图

1-$D_L$测点；2-$D_S$测点；3-磨粒

2）试验方法

为了直接测出油样中大磨粒（＞5μm）和小磨粒（1～2μm）的浓度，在相应的两个测点处利用光导纤维引入两束稳定光源。这两点相当于分析式铁谱仪中铁谱片入口区和 50mm 的位置。光束穿过沉积层和沉积管，射入与其相对的两个光电池。光电池将光信号转换为电信号，再经电子线路进行放大和 A/D 转换，最终在两个数显屏上以数字形式予以显示。由于穿过磨粒沉积层光信号的衰减量与磨粒沉积量在一定的条件下成正比关系，所以经过电路处理后，可以在数显屏上直接读出与磨粒沉积量呈线性关系的读数 $D_L$（大磨粒直读数）和 $D_S$

(小磨粒直读数)。这样,就达到了直接测读被分析油样中大磨粒和小磨粒浓度的目的。直读式铁谱仪试验方法如图 2-16 所示。

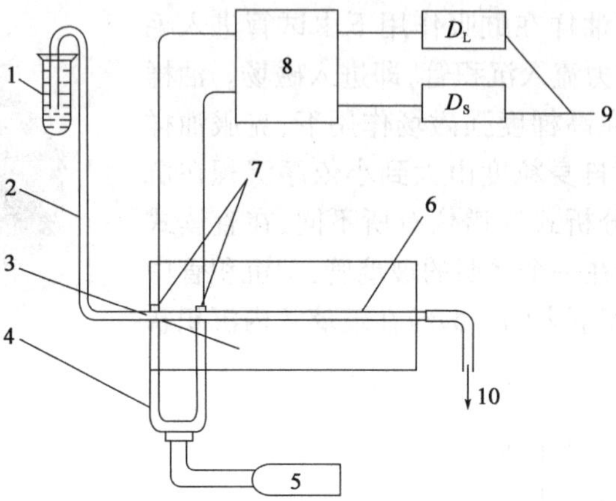


图 2-16　直读式铁谱仪试验方法

1-油样;2-毛细管;3-磁铁;4-光导纤维;5-光源;6-沉积管;7-光电池;8-处理器;9-LCD 显示器;10-废油

## 2.5.3　在线磨粒检测技术

1)磁塞检测

(1)磁塞检测法

磁塞检测法是在机械设备润滑系统中普遍采用的一种磨损状态监测方法,它的历史要早于油液分析中铁谱等精密仪器和方法。但近年来随着磨粒分析技术的突破,使得这个同属磁性收集磨粒的方法得到了新的发展。

(2)磁塞的原理

将一永磁或电磁的磁塞探头插入油液系统的管路中,收集、探测油液系统中在用油液所含的磁性颗粒。借助于放大镜或肉眼,观察、分析被采集的磁性颗粒的大小、数量、形状等特征,从而简易判断机械设备相关零件的磨损状态。由于无法形成如铁谱仪中的高梯度强磁场,磁塞仅对采集磨粒尺寸大于 50μm 的磁性颗粒较为有效。

(3)磁塞的结构

磁塞的一般结构如图 2-17 所示。主要由磁塞体和磁塞探头组成,探头可以调节,以使磁塞探头充分伸入油液中,收集铁磁性颗粒。需注意的是,必须把磁塞探测器安装在油液系统中最易捕获磨粒的位置,尽可能地置于易磨损零件附近或油液系统回油主油道上。

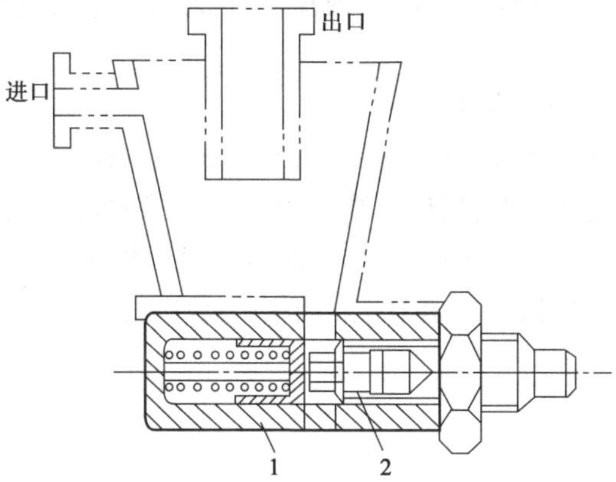


图 2-17 磁塞结构示意图

1-磁塞体;2-探头

采用磁性检测,磁性探头应定期更换,更换周期因设备种类、工况条件而异。更换时,收集颗粒、观察分析、做好记录,给出设备磨损状况的判断意见及维修决策。

(4)磁塞的应用

在机械设备初期磨合阶段,磁塞上收集的颗粒较多,呈不规则形状,并掺杂一些金属碎屑。这些颗粒属零件加工切削残留物或外界侵入的污染物,因机械设备装配清洗不到位而遗留下来。

机械设备进入正常运转期后,磁塞收集的颗粒显著减少,且磨粒细小。如发现磁性磨粒数量、尺寸明显增加时,表明零件摩擦副出现异常磨损。此时应将磁性探头的更换周期缩短,加密取样。如磨粒数量仍呈上升趋势,可判定机械设备异常,应立即采取维修措施。

对磁塞收集到的磨粒,除肉眼观察外,也可借助 10 ~ 40 倍放大镜观察分析。必要时,还可将磨粒置于光学显微镜,如铁谱显微镜的高倍物镜下,观察记录磨粒的表面形貌以判断磨损机理和原因。

2)过滤器检测

(1)过滤淤积法

油液流经微小间隙或滤网时,固体颗粒会逐渐淤积堵塞,引起压差和流量的相应变化。测量油液压差和流量可以获得油液中颗粒的浓度、含量等信息。当用滤网作为传感元件时,可分为压差恒定法和流量恒定法。压差恒定法是指在测量过程中滤网前后的压差恒定,测量经过一定时间后流过滤网的油液体积。流量恒定法是指通过滤网前后的流量恒定,测量压差达到某一预定值的时间或达到某一预定时间的压差或压力比值 $p_{终}/p_{初}$,以测定油液中的颗粒数量。

(2)微孔阻尼原理的方法

当油液流经已精确标定过的滤网,大于网眼的颗粒将沉积下来。由于微孔的阻挡作用,流量便会降低,最后小颗粒填充在大颗粒的周围,从而进一步阻滞了液流。结果形成流量相对时间的变化曲线。通过数学模型把该曲线转换为颗粒大小分布曲线。美国 Entek IRD 公司生产的数字式污染度分析仪就是利用这种原理。

## 2.5.4 油液磨粒分析方法比较

油液磨粒检测技术比较见表 2-13。

油液磨粒检测技术比较　　表 2-13

| 项目 | 光谱分析 | 铁谱分析 | 磁塞检测 | 过滤器检测 | 颗粒计数法 |
|---|---|---|---|---|---|
| 磨粒浓度 | 很好 | 好(铁磨粒) | 好(铁磨粒) | 好 | 好 |
| 磨粒形貌 | | 很好 | 好 | 好 | |
| 尺寸分布 | | 好 | | | 很好 |
| 元素成分 | 很好 | 好 | 好 | 较好 | |
| 尺寸范围(μm) | 0.1~10 | >1 | 25~400 | >2 | 1~80 |
| 局限性 | 不能识别磨粒的形貌、尺寸等 | 局限于铁磨粒及顺磁性磨粒,元素成分的识别有局限性 | 局限于铁磨粒,不能做磨粒识别 | 可采集微粒,不能识别磨粒的尺寸分布 | 不能识别磨粒的元素成分、形貌等 |
| 检测用时间 | 极短 | 长 | 长 | 较长 | 短 |
| 评价 | 磨损趋势监控效果好 | 评价机理分析,早期失效的预报效果较好 | 可用于检测不正常磨损 | 用作辅助简易分析 | 用作辅助分析、污染度分析 |

续上表

| 项目 | 光谱分析 | 铁谱分析 | 磁塞检测 | 过滤器检测 | 颗粒计数法 |
|---|---|---|---|---|---|
| 分析方式 | 实验室分析 | 实验室分析、现场分析 | 在线分析 | 在线分析、实验室分析 | 在线分析、实验室分析 |

## 2.5.5　分析诊断

通过观测和分析机械磨损所产生磨粒的图像信息，实现对监测对象的状态判断和故障诊断，是自铁谱分析技术问世以来油液分析技术领域最具创新性的诊断方法。

1）磨粒分析诊断方法的技术层面

磨粒分析诊断方法就其技术内容而言可大致分为以下三个方面。

（1）对磨粒的采集和分离

即将机械磨损产物和其他有意义的颗粒从油液或其他流体工作介质中分离出来，并排列为可直接进行观察的形态。这可以借助分析式铁谱仪完成。

（2）对磨粒的观测和分析

可以借助显微观测仪器，如光学显微镜、扫描电子显微镜，由专业分析人员完成。目前在铁谱分析技术领域，科研人员正致力于计算机磨粒自动识别系统的开发，后续该工作将可能由计算机系统辅助分析人员完成，甚至独立由计算机系统完成。

（3）诊断和报告

根据磨粒分析结果，对检测对象的状态，如机械设备的磨损状态、在用油品的性能等情况做出诊断和评价。特别是磨粒的识别技术，需要基础理论知识和实践经验的不断丰富。这个层面的技术关键是要在磨粒识别、分类结论与被检测对象状态之间建立对应关系。理论上的各磨粒类型与机械磨损类型间的对应关系如图 2-18 所示。

2）磨粒分析诊断方法的技术要素

相对于理论层面的对应关系，在对油液的分析和机械设备诊断实践中，磨粒和导致其产生的磨损类型之间的关系，要远比图 2-18 所示的复杂得多。采用磨粒分析方法开展状态监测和故障诊断，要掌握以下几个要素。

（1）分析人员应熟知检测对象。由磨粒分析到设备诊断是一个各专业知识综合运用、各类信息相互融合的过程。分析人员往往偏重磨粒的观测而忽视了对检测对象的了解。这种技术上的彼此脱节会严重影响诊断的准确性。分析人员应对相关技术有一定的兼容掌握,尤其在各相关技术交叉或结合的领域。

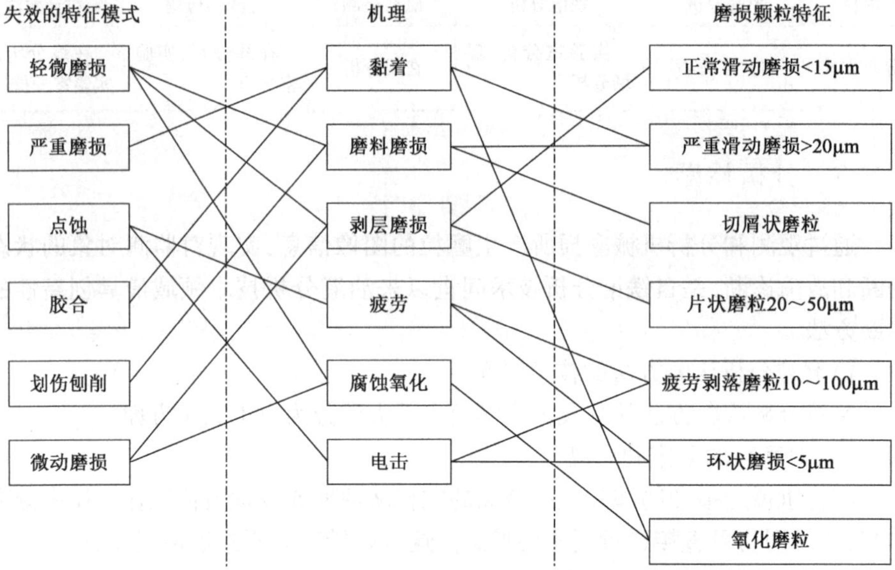


图 2-18　失效的特征模式机理磨损颗粒特征对应关系示意图

(2)观测应以代表性磨粒为主。大部分机械设备,各摩擦副一般共用一个润滑系统。因此,在相应的铁谱片上往往会沉积反映出不同的磨损类型和不同的磨损状态,体现在磨粒上往往会种类繁多。对磨粒分析要聚焦于那些有代表性的,即具备群体规模的磨粒,而并非那些不具备代表性,哪怕是十分“抢眼”的单个异常大磨粒。所谓有代表性,一般指在数量上占主导比例,或虽然在数量上不占主导,但其比例的变化发生了连续较大的增幅。

(3)下达诊断结论前尤要注意监测对象的特殊性。在利用磨粒分析方法开展机械设备状态检测和故障诊断的初期,分析人员往往下意识地把主要的注意力放在发现异常磨粒和检测对象是否存在与此相对应的异常表现方面。但是,大量应用案例表明,诊断的难点并非对那些仅占百分之几概率、并极有把握对明显的设备异常做出诊断结论的工作上。真正的难点往往是如何在大量似是而非、证据不足又难以推翻结论的“异常”与“正常”之间划分界限。分析人员经常遇到的难题是不同的检测对象,或是同一检测对象在不同的工况下,即便都表现为正常运行,所产生的磨粒在铁谱片上展现的性态却迥然不同。可以说,开展磨粒分析的工程技术人员经常感到困惑的往往不是异常磨粒被遗漏,而是常常面对“明明看着磨粒有问题”,而检测对象还在“正常”运行的相互“矛盾”局面。

要解决分析过程中大量存在的似是而非干扰，油液分析人员应注意四个方面的情况。

(1)在磨粒分析的共性规律之下，存在着因检测对象的变化所带来的个性差异。参照磨粒图谱中所展示的典型磨粒图示和教科书中的典型诊断案例是十分必要的。但在实际操作时，不能脱离面前的检测对象这一实际。

(2)“发生异常磨损”与“检测对象工况异常”之间存在区别。它们是两个不同技术层面的分析结论。在实际运用的机械设备中，理想的、绝对的、完全的、单一的磨损形式是不存在的。理论研究上的正常磨损和工程应用上的正常磨损有着相当大的距离。在实际操作中，并非当发现与磨粒图谱中典型异常磨粒相同或相似的磨粒，就马上得出“报警”或“危险”的结论，而要结合数量判断其是否有代表性，并通过加密取样频率甚至是连续检测来判断是否有突变趋势。

(3)积累、分析、总结归纳经验和规律，制订更匹配于所检测对象的诊断规则。例如，通过大量、长期的磨粒观测并与运行中的机械设备状态相比照，总结检测对象本来的磨损规律，比如归纳出其在不同的磨粒状态下可列入“正常”范围的诊断结论，可大大降低误判率。

(4)参考和结合其他油液分析技术所得到的分析结论，做出综合判断。磨粒是机械磨损的产物，自然与所产生的摩擦学环境，特别是润滑等工况的状态互为因果。因此，在利用磨粒分析手段进行机械状态诊断时，应该参考其他油液分析技术，特别是油液理化指标的分析结果，它们彼此之间存在着十分明显的相关性。例如，严重滑动磨粒的大量生成，可能与油液的黏度异常有关；三氧化二铁团粒的出现，与油液的水分指标有关；腐蚀磨粒的存在，可能与油液的酸(碱)值指标相关。因此，以磨粒分析为手段进行诊断时，参考这些分析结果，就会得到佐证，或得到否定的提示，这都会大大有利于结论的准确性。

## 2.6 光谱分析技术

油液光谱分析技术，基于的原理是每种元素均有自己的特征发射光谱，元素在激发时内层低能态电子受外部能量激发跃迁至具有高能态的外层轨道，由于高能态为不定态，激发态电子将返回低能态轨道，在返回过程中以光的形式释放多余的能量，对于每种原子在光谱定律允许跃迁条件下，可产生一系列不同波长的谱线，这些谱线按一定顺序排列并保持一定强度比例，组成光谱，通过识别各元素特征谱线波长可予以定性分析，通过测量各元素特征谱线的强度可予以定量分析。

光谱分析技术主要依靠检测油液中各磨粒所含金属元素含量、磨粒成分及浓度的变化、油液中各种添加剂的浓度变化,来判断摩擦副磨损程度、异常磨损部位和油液衰变程度,另一方面也可以诊断与油液系统有关的故障,从而达到诊断机器各部件技术状态的目的。

根据光谱表现形式的不同,光谱分析可分为:分光光度计法、原子吸收光谱法、原子发射光谱法和 X 射线荧光光谱法。目前我国使用较普遍的是原子发射光谱法。

## 2.6.1 分光光度计法

分光光度法是通过将不同波长的光连续地照射到一定浓度的样品溶液时,便可得到与不同波长相对应的吸收强度;以波长为横坐标,吸收强度为纵坐标,就可绘出该物质的吸收光谱曲线;利用该曲线对该物质进行定性和定量分析。白光经聚光及单色器分光后,得到一束平行的、波长范围很窄的单色光,该光束通过一定厚度的有色溶液后,照射到光电元件。光电元件受光照射释放光电子,产生光电流,该电流与光元件上的光强度成正比。然后通过检流器的读数标尺上可以读出相应的透光率或吸光率。根据光吸收的基本定律,在入射光波长、溶液厚度不变的条件下,溶液的吸光度与有色物质的浓度成正比,因此利用吸光度可以检测待测物质浓度。常用的分光光度计如图 2-19 所示。

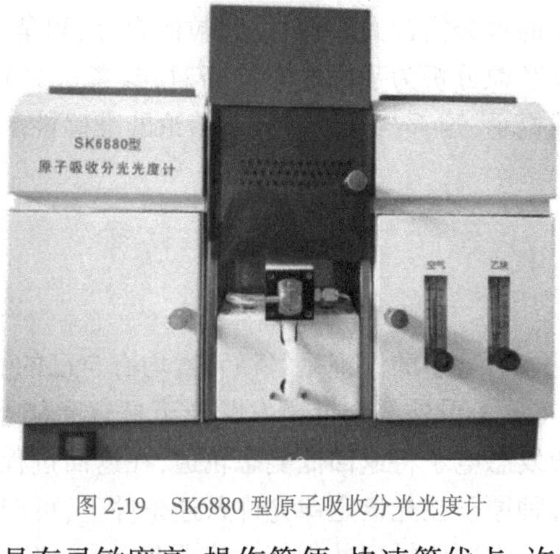


图 2-19 SK6880 型原子吸收分光光度计

分光光度计法具有灵敏度高、操作简便、快速等优点,许多物质的测定都采用分光光度法,也是生物化学试验中最常用的方法。

## 2.6.2 原子发射光谱法

原子发射光谱法原理是利用气体火焰、交流或直流电弧、等离子体火焰等方式激发油液试样，油样中各微量元素的原子释放出具有特征频率的光子，从而获得发射光谱。测量谱线的波长以及谱线的相对强度，进而求得油样所含元素成分以及含量。用于油液分析的大多数原子发射光谱仪（AES）是转盘电极直读原子发射光谱仪（RDEAES）或电感耦合原子发射光谱分析仪。其差异主要是对油样激发方式的不同。

1）转盘电极直读原子发射光谱仪

转盘电极直读原子发射光谱仪的工作原理是通过转盘旋转电极将油液带入电极构成的间隙，利用电极间高压电弧进行激发特征光谱线。其优点在于操作简单、读取数据大；缺点是受限于电极间电弧能量大小，不能读取大型颗粒个体。

影响转盘电极直读原子发射光谱仪分析精度和重复性的因素有电极间电弧稳定性、仪器工作电压的稳定性、电极间隙、转盘放电间隙、电极材质和形状、维护精度、环境因素和标准物影响。

2）电感耦合原子发射光谱分析仪

电感耦合原子发射光谱分析仪（图2-20）工作原理是通过电离的方法形成大体积的电离火焰，试样进入火焰发生碰撞和能量激发，通过对某元素或离子谱线对比测定，可以对该元素进行定性和定量分析。

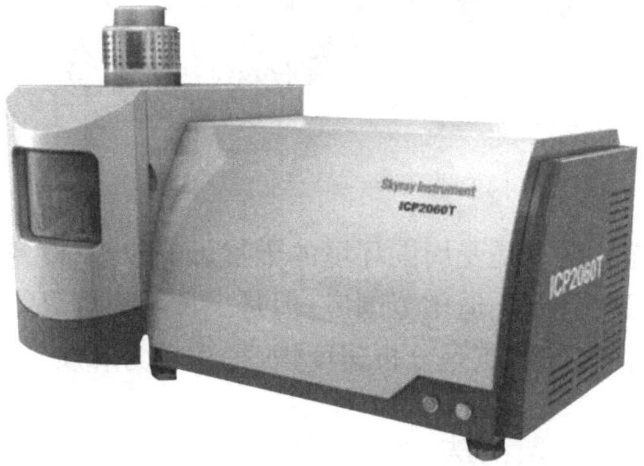


图2-20 电感耦合原子发射光谱分析仪

电感耦合原子发射光谱分析仪的优点是分析能力强、精度高、灵敏度大、自动化程度高；缺点是需对样品进行预处理、环境要求高、需要保护气体。

在实际操作中,可利用数个已知元素浓度的标准试样测得谱线相对强度,从而得到元素浓度曲线,也称该元素的工作曲线。显然不同元素的工作曲线是不同的。有了元素浓度的工作曲线,便可求出未知被分析元素的浓度值。

## 2.6.3　原子吸收光谱法

原子吸收光谱(AAS)法的原理是通过测量试样所产生的基态原子蒸气对被测元素辐射的特定波长单色光的吸收能力,确定试样中该元素的浓度。理论与试验已证明,原子蒸气对共振辐射光能量的吸收程度与基态原子数,也就是原子浓度成正比。在能发出某种元素单色光的阴极灯和分光镜中间建立火焰。油样被制备为液体样品后用泵打入火焰,样品中相应元素的原子被激发后,吸收了阴极灯所发出的同色光的能量,通过测定穿过火焰即穿过原子蒸气光的强度与阴极灯发出光即入射火焰的光强度之比值,即测量原子蒸气对辐射光的吸光度,便可测出油样内该元素的浓度。常用的火焰原子吸收光谱分析仪如图 2-21 所示。

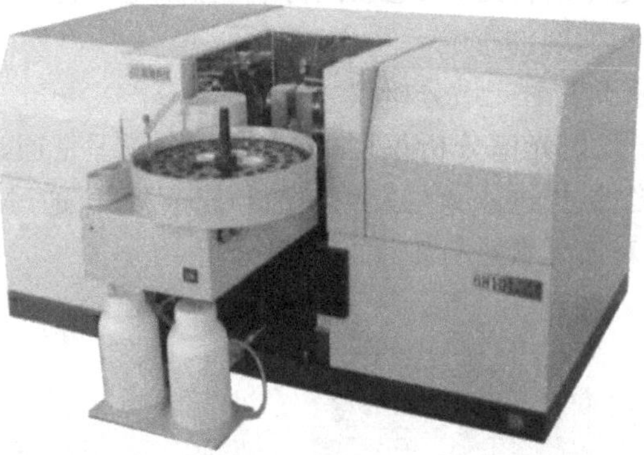

图 2-21　火焰原子吸收光谱分析仪

原子吸收光谱法优点是受周围环境的干扰影响较小、设备灵敏度高、分析精度及可靠性较高、选择性好、适用范围广;但是一种阴极灯只能分析一种元素,不能同时检测多种元素,其缺点是分析速度慢、操作较为麻烦。

## 2.6.4　X 射线荧光光谱法

X 射线荧光光谱(XRF)法的原理是通过辐射源射出的 X 射线轰击被分析样品,油液中被分析元素原子的外层电子获得能量从各个能级上被逐出进行测定的。原子以电子处于激发态的离子形式存在。当外层电子进入被逐出电子留下的内层空穴时，释放出携带极大能量的光子，离子返回到基态。由于使用了能量更大的X射线激发原子，外层电子是以比可见光频率更高，即能量更大的荧光形式释放能量，亦即辐射出二次X射线，形成了荧光波段的光谱。每个元素均具有各自的特征电子排布，受激后辐射出的二次X射线光谱也具有元素特征性，谱线强度与油样中元素的浓度成正比。借助检测器检测荧光光谱的信息，便可得到油液中所含元素的种类和浓度。常用的X射线荧光光谱分析仪如图2-22所示。

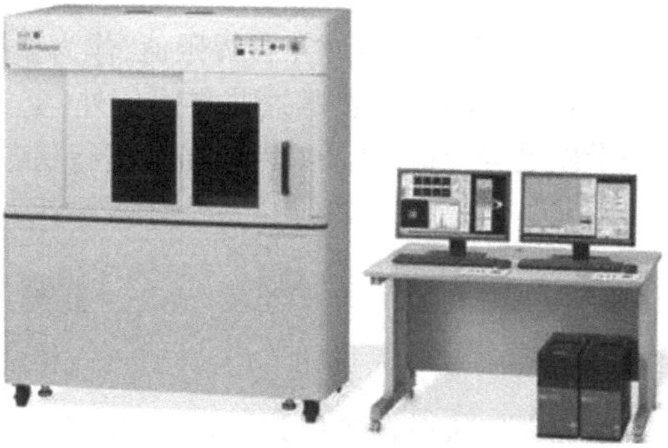

图2-22 X射线荧光光谱分析仪

X射线荧光光谱法具有适用性广、同时分析多种元素、无损检测、样品制备简单和仪器操作简单的特点，样品在X射线照射下不受破坏。同时，X射线荧光光谱仪具有可见光谱波段光谱仪所不具备的优点，可以探测分析较大的磨粒，十分适合机械设备状态的油液检测。该方法不足之处是分析成本较高。

### 2.6.5 检测标准及分析诊断

1)检测标准

电感耦合等离子体原子发射光谱法测定油液中金属以及非金属杂质，可参照《化学试剂 电感耦合等离子体原子发射光谱法通则》(GB/T 23942—2009)执行。具体试验方法可参照《电感耦合等离子体原子发射光谱仪》(GB/T 36244—2018)执行，亦可参照国际标准ASTM D6595—2016和我国行业标准《工业闭式齿轮油换油标准》(NB/SH/T 0586—2010)执行。

2)分析诊断

(1)光谱分析法是通过采集油样，利用光谱分析来检测油样中携带的金属磨粒,获得磨粒的成分及其数量,定性定量地判断并预测机械设备的磨损状态及发展趋势。原子发射光谱仪只能分析不超过 10μm 的磨损颗粒尺寸,但检测磨粒的浓度足以揭示早期故障征兆,而故障诊断的积极意义在于预知性和早期预防,因此原子发射光谱仪不失为一种具有权威性的检测手段。

(2)原子发射光谱仪可快速、准确定量分析各磨损金属元素的质量含量。机械的磨损程度是渐变和突变并存,要根据元素含量去判断磨损状态,一般需要 3 ~4 种不同程度级别的界限值。机械设备出现的故障征兆,常常并非某一界限值能全面揭示反应。因此,根据 TBM 及盾构机设备的实际情况,结合大量的试验数据,应当制订正常、临界、偏高和异常 4 种界限值,作为预报有无故障及判别故障程度的依据。设备状态诊断除了参考这些界限值外,更重要的还要借助多次连续取样分析结果予以趋势分析,从而判断设备的运行状态。

## 2.7 油液信息参数综合检测

油液中包含了与系统工作状态直接相关的大量信息参数。这些信息参数可以用前述的各种油液检方法进行定量检测。主要的信息参数如下:

(1)部件的磨损参数

包括磨损元素的种类及含量,磨损颗粒的尺寸大小分布、数量及磨损类型。

(2)油液系统的污染参数

包括固体污染颗粒的尺寸大小、分布、数量;气体与液体污染物如空气、水、冷却剂的含量。

(3)油液的理化性能参数

包括黏度、酸值、总碱值、闪点、水分不溶物、抗泡性等;油液化学性能氧化、硝化、磺化、添加剂消耗等。

以上信息参数综合表征机械设备的不同工作状态。正确地使用油液信息参数和油液测定仪器,才能得到所检测机械设备真实的工作状态信息,继而采取最佳的维修措施,保证其正常运行。

目前,受油液检测认识局限性影响,往往采用单一信息参数作为分析机械设备工作状况的依据。事实上,单一的信息参数,不可能充分、全面、可靠地对故障进行科学分析,很难准确预报故障的出现。例如对液压系统的检测只做颗粒度分析,不做其他参数测定,当污染度超标时就不能分析液压油污染度超标的原因,到底是外部污染还是内部污染,或者是油液本身引起的污染。同样对油液系统的检测如只做光谱分析,当磨损元素超标时,就不能找出磨损的原因与磨损的类型。因此,当机械设备出现故障时,需要对测定的各种参数做综合处理,通过油液中的多种信息参数判断故障的程度、原因、部位、类型。这是预防故障,正确实施维修策略的重要保证。

## 2.7.1 维修策略及油液信息参数的选择

主动维修和预知性维修是当前主要的维修策略。主动维修是借助连续的监测,将相关的机械设备油液参数始终控制在设定的临界值范围内,避免出现超标状态,从而保障机械设备正常运行。预知性维修是通过油液分析,检测出机械设备油液的早期失效。不同的维修方式,其油液分析所对应的油液质量状态识别与控制参数不同。相关选择可参照表 2-14 执行。

维修策略及油液信息参数选择表 表 2-14

| 检测类型 | 油液磨粒的存在与识别 | 油液系统破坏性污染分析 | 油液理化性能分析 |
|---|---|---|---|
| 颗粒计数 | ○ | ● | ◎ |
| 颗粒密度 | ● | ◎ | ◎ |
| 铁谱分析 | ● | ○ | ◎ |
| 原子光谱分析 | ● | ○ | ● |
| 红外光谱分析 | ◎ | ○ | ● |
| 总酸值/总碱值 | ○ | ○ | ● |
| 黏度 | ◎ | ○ | ● |
| 水分 | ◎ | ● | ◎ |
| 闪点 | ◎ | ○ | ● |
| 检测结果 | 预知性维修 | 主动性维修 | 主动性维修 |

注:●-最大效益试验;○-较小效益试验;◎-无效益试验。

## 2.7.2 检测仪器的选择

由于各种检测仪器的原理、结构不同,其适用范围也各不相同(表 2-15),因此选择合适的油液检测仪器,才能获得可靠的表征设备实际状态的信息参数。

油液检测仪器适用范围表 表 2-15

| 项目 | 光谱仪 | 荧光仪 | 铁谱仪 | 颗粒计数器 | 红外光谱仪 | 水分仪 | 黏度仪 | 闪点仪 | 酸碱度仪 |
|---|---|---|---|---|---|---|---|---|---|
| 元素成分 | 很好 | 很好 | 好 | | | | | | |
| 磨粒浓度 | 很好 | 很好 | 好 | 好 | | | | | |

续上表

| 项目 | 光谱仪 | 荧光仪 | 铁谱仪 | 颗粒计数器 | 红外光谱仪 | 水分仪 | 黏度仪 | 闪点仪 | 酸碱度仪 |
|---|---|---|---|---|---|---|---|---|---|
| 磨粒形貌 | | | 很好 | | | | | | |
| 磨粒尺寸分布 | | | 好 | 很好 | | | | | |
| 磨粒尺寸范围 | | | >1um | 1~100um | | | | | |
| 氧化性 | | | | | 很好 | | | | |
| 水分 | | | | | 好 | 很好 | | | |
| 闪点 | | | | | | | | 很好 | |
| 黏度 | | | | | | | 很好 | | |
| 酸碱度 | | | | | | | | | 很好 |
| 检测时间 | 极短 | 短 | 长 | 短 | 较长 | | | | |
| 局限性 | 不能识别磨粒尺寸、形貌 | | | 成分识别效果差 | 不能识别成分 | | | | |

应根据检测仪器的特点及用油设备的特点,将各种检测设备综合使用,互相补充、互相印证,对各项检测结果进行综合分析和判断,使油液监控更科学、准确、有效。机械设备检测综合分析流程如图 2-23 所示。

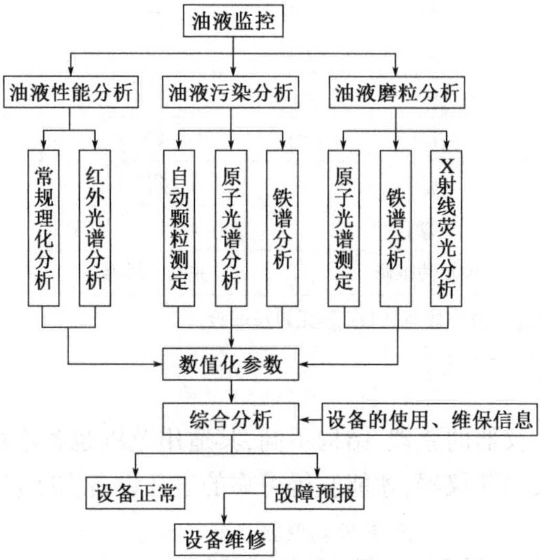


图 2-23　机械设备油液检测分析流程图

# 第3章 振动检测技术

18 世纪至 19 世纪的第二次工业革命，孕育并开启了电气时代，随之也打开了机械检修的序章。机械检修为振动检测的前身，因为一些重要发电机组太昂贵、太庞大了。它的稳定运行和安全运行至关重要。20 世纪中叶，第三次工业革命如期而至，信息时代开始蹒跚起步，随之而来的还有振动分析行业的第二次变革。为了对机器做出正确的价值评估，人们已不仅局限于所看到的机器状态，需要进一步去看透机器的状态，找到潜在的危险因素。于是，“振动”作为一种机械信息，第一次被正式作为概念引入（此前只是根据维修人员的听觉和触觉来判断，并没有提出振动的概念）。此后，随着信息化网络在 20 世纪 80 年代末的大规模爆发，振动检测行业也借力而发，迈进了一个新的台阶，拥有了自传感器和二次仪表，一直到振动分析仪、检测系统、分析系统软件以及数据中心等成套完整的产品线。近年来，以德国为代表的“工业 4.0”，北美的“互联企业”、亚太的“互联网 +”等概念相继问世，昭示着第四次工业革命的到来。而振动检测技术也在一步步完成自己的蜕变。

物体在平衡位置附近作快速的往复运动称为振动，振动时偏离振动中心的最大距离，称为振幅，一般以毫米或微米为单位，它反映了振动的范围和强弱。振动每隔一定时间运动就重复一次，我们把运动每重复一次所需的时间 $T$ 称为振动周期，单位是秒（s）。单位时间内振动位移量变化成为振动速度，用“mm/s”表示。单位时间内振动速度变化成为振动加速度，用“$m/s^2$”表示。

机械运动所消耗的能量除转化为有用功外，还有部分会消耗在机械传动的各种摩擦损耗之中并产生正常振动。一台设计合理、正常运转的机器，其振动固有振级很低。但当机器磨损、基础下沉、部件变形、连接松动时，机器的动态性能开始出现各种细微的变化，如轴不对中、部件磨损、转子不平衡、配合间隙增大等。所有这些因素都会在振动能量的增加上反映出来，即振动的强弱与变化和故障有关,振动加剧常常是机器要出故障的一种标志,而振动是可以从机器的外表面检测到的。分辨正常振动和非正常振动,采集振动参数,运用信号处理技术,提取特征信息,判断机械运行的技术状态,即是振动检测。

振动检测的目的是评定机器持续运行期间的"健康"状态,依据被检测的机械类型和关键部件,选择一个或多个测量参数和合适的检测系统。当部件有某些缺陷而明显降低设备效能、减少机器预期寿命,或在设备完全失效之前,可借助振动检测及时识别出"非健康"状态,使之有足够的时间采取补救措施,从而建立一个既经济又有效的维修计划。以 TBM 与盾构为代表的全断面隧道掘进机,由复杂且众多的机械、电气、液压部件组成,振动检测尤为重要,直接影响设备的完好率和利用率,对更好地发挥其快速施工的特点起着至关重要的作用。通过振动检测,可以发现设备安装、润滑等方面存在的问题,及时发现并处理。

## 3.1 振动测量方法

机械设备运转期间,故障出现前都会有故障初期振动特征信号产生,对各特征信号进行采集、处理并分析,便会大大提高故障预报的准确率。振动测量的方法按振动信号转换方式的不同,可分为机械法、光学法和电测法,其不同测量方法的比较见表 3-1。

振动测量方法的比较表　　表 3-1

| 名称 | 原　理 | 优缺点及用途 |
|---|---|---|
| 机械法 | 利用杠杆传动或惯性原理 | 使用简单、抗干扰能力强,频率范围和动态线性范围窄,测试时会给工件加载一定的负荷(影响测试结果),主要用于低频大振幅振动及扭振的测量 |
| 光学法 | 利用光杠原理、读数显微镜、光波干涉原理、激光多普勒效应 | 不受电磁声干扰,测量精确度高,适于对质量小及不易安装传感器的试件做非接触测量,在精密测量和传感、测振仪表中用得比较多 |
| 电测法 | 将被测试件的振动量转换成电量,然后用电量测试仪器 | 灵敏度高,频率范围及线性范围宽,便于分析和遥测,但易受电磁声干扰,是目前广泛采用的方法 |

目前,广泛使用的是电测法测振。电测法测振系统一般由激振、拾振、中间检测电路、振动分析仪器及显示记录装置等等环节组成,如图 3-1 所示。

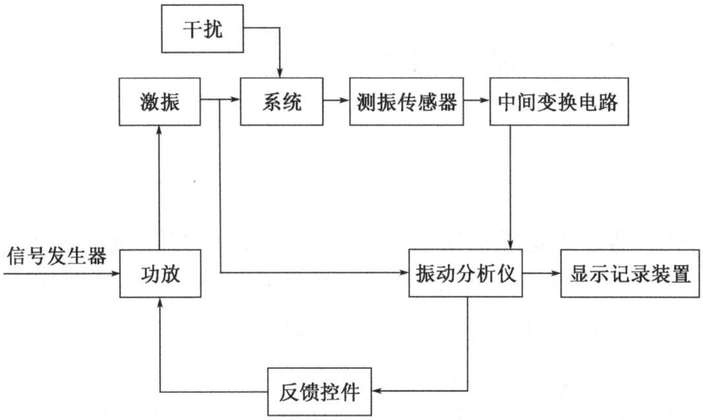


图 3-1 电测法振动测量系统组成框图

最为常见的旋转类机器振动测量方法有以下两种:

1)相对振动测量

相对振动测量是转子相对于轴承的快速运动,它是检测装有滑动轴承转子状况的重要指标。为了正确地测量轴心轨迹,必须在测量点间隔 90°安装两个电涡流位移传感器探头。在整个设备上,要求把探头安装在同一平面上,同时从单个平面的运动,还可以提供附加的保护。探头要安装在靠近轴承的地方,这样,由探头所测得的最大振动位移量,实际上就和在轴承中发生的振动位移一样。

可系统概括为,传感器探头非接触采集转轴的振动位移量,通过电信号传送至轴振动检测仪,由检测仪完成数据处理、测量值显示、报警提示等操作。

2)绝对振动测量

绝对振动测量是指机器壳体相对于空间一固定点(大地)的快速运动。主要用来评价装有滚动轴承的机器,在这种机器里,轴的振动可较多地传递到轴承壳上,因而可用轴承振动监测仪配振动传感器来测量轴承的振动,通常采用的是振动速度的有效值(振动烈度),也可将速度传感器信号通过积分,转化为振动位移量(振动幅度)。

可系统概括为,振动传感器与被测机器接触感应机器振动量的大小,通过电信号传送至轴承振动检测仪,由检测仪完成数据处理、测量值显示、报警提示等操作。

## 3.2 振动测量仪器及工作原理

### 3.2.1 振动测量仪器

振动测量仪器是测定振动物理量的仪器,振动测量系统主要由振动换能器(拾振器,即常说的传感器)、前置放大器、处理和变换仪器(如声级计或振动计、滤波器、声级记录器、实时分析仪)三部分组成。

1)振动传感器(振动换能器)

振动传感器是一种能感受机械运动振动的参量(振动速度、频率,加速度等)并转换为光学的、机械的或电学的信号,所得的信号强弱和所检测的振动量成比例的装置。在高度发展的现代工业中,现代测试技术向数字化、信息化方向发展已成必然发展趋势,而测试系统的最前端是传感器,它是整个测试系统的灵魂。

测振传感器按其工作原理可分为磁电式传感器、压电式传感器、应变式传感器、电涡流传感器和电容式传感器等;按其所感知的振动参数不同,可分为位移、速度、加速度传感器等;按其安装时与振动体(被测对象)的相对位置,可分为接触式和非接触式传感器。

磁电式速度传感器基于电磁感应原理,常用于旋转机械的轴承、机壳、基础等非转动部件的稳态振动测量。

压电式加速度传感器是利用某些晶体材料能将机械能转换成电能的压电效应而制成的传感器。当压电式传感器承受机械振动时,在它的输出端能产生与所承受的加速度成正比例的电荷或电压量。压电式传感器具有灵敏度高、频率范围宽、线性动态范围大、体积小等优点,是振动测量的主要传感器形式。压电式加速度传感器的灵敏度有电荷灵敏度 $S_q$ 和电压灵敏度 $S_v$。

电涡流式位移传感器利用被测物体表面与传感器探头端部间的间隙变化来测量振动,采用非接触式测量,适用于测量转子相对于轴承的相对位移,包括轴的平均位置及振动位移。被广泛用于各类转子的振动检测。

下面简要介绍常用的振动传感器。

(1)磁电式传感器

磁电式传感器基本元件有两种:一种是磁路系统,由它来产生恒定的直流磁场,为减小变换器的体积,一般都采用永久磁铁;另一种是线圈,由它与磁场中的磁通交链而产生感应电势。使用时一般使其中之一与壳体相固接,另一个与惯性质量相连(或者直接作为惯性质量)。当振动体振动时,壳体也随之振动,此时线圈、惯性质量体与壳体就产生一个相对运动,从而切割磁力线而产生感应电势。该类型传感器测量的基本参数是振动速度,但在测量电路中接入积分电路和微分电路后,也可以测量振动体的振幅和加速度。

磁电传感器原理如图 3-2 所示。

(2)压电式传感器

最常用的是压电式加速度传感器,一般由压电片、簧片和重块组成,其原理如图 3-3 所示。它的底座固定于振动体上。压电式加速计的核心是压电晶体材料,通常是人工极化的铁电陶瓷,当受到应力作用时,无论是拉伸、压缩还是剪切,在它两个极板上都会出现与所加应力成正比的电荷。当加速度计受到振动时,内部质量块的惯性力就作用在压电晶体上,输出的电荷量与振动加速度成正比。所选用的加速度计的质量,至少要低于测试件质量的 1/10。

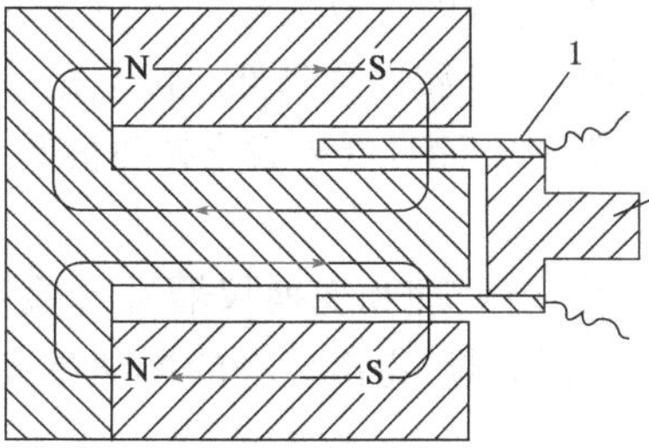


图 3-2 磁电传感器原理图

1-线圈;2-运动部位

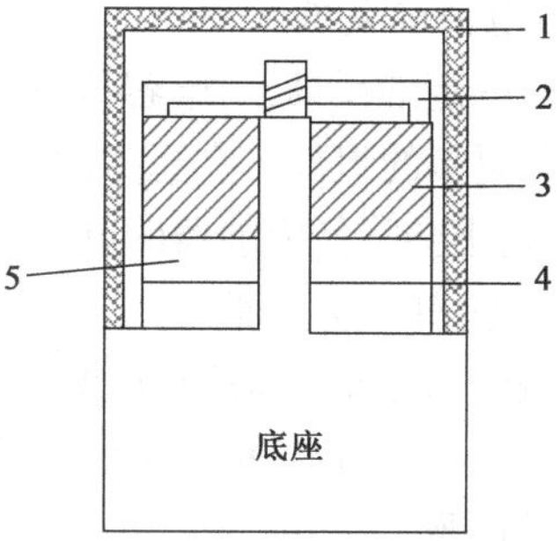


图 3-3 压电式加速度计原理图

1-外壳;2-簧片;3-重块;4-输出端;5-压电片

(3)电涡流式传感器

电涡流传感器用于测量轴的转速、相位角、振动频率及转轴的运动方向,它能有助于鉴别不同的机械故障和对故障分类,以及在旋转机械动平衡上起着重要作用。目前应用最广的是涡流位移传感器(图 3-4、图 3-5),这是一种非接触式距离测量系统,它不断测量传感器顶端与被测对象表面之间的距离变化,并转换成一个与之成正比的电信号。

2)前置放大器

传感器的信号在分析或测量之前,通常用前置放大器进行阻抗变换和信号放大。有的换能器内已装有前置放大器,这样,换能器的信号可以直接输入。前置放大器有电压前置放大器、电荷前置放大器两类。

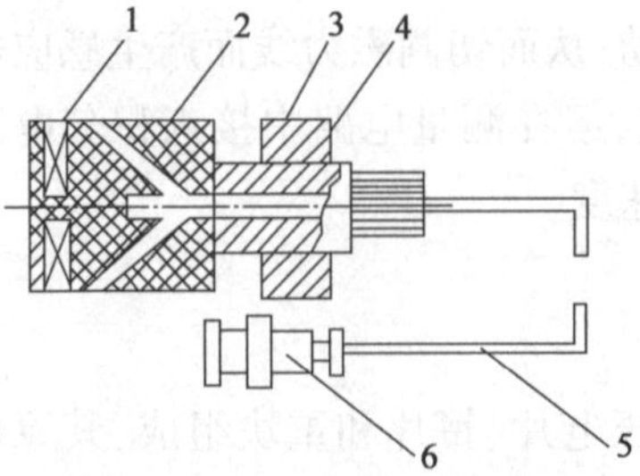


图 3-4　电涡流传感器结构图

1-线圈;2-框架;3-框架衬套;4-支座;5-电缆;6-插头

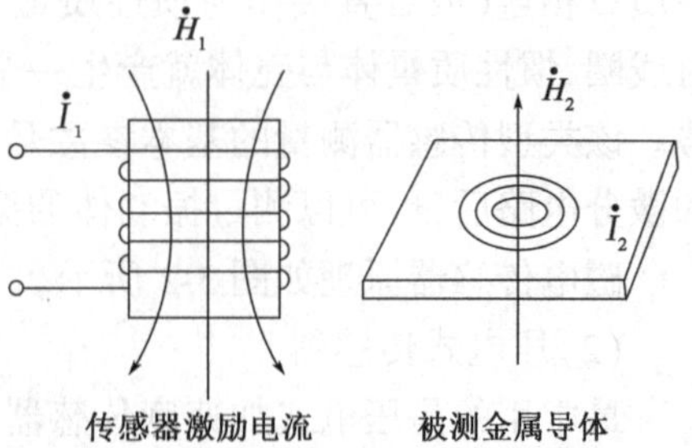


图 3-5　电涡流传感器原理图

(1)电压前置放大器

在输入级采用一个简单的阻抗转换。这种仪器比较简单、可靠,消耗电流小,但其电压灵敏度会因电缆加长而降低。

(2)电荷前置放大器

采取一定的反馈,对电容负载进行补偿。它比电压前置放大器需要更大的放大倍数和更多的组件。在恶劣的环境条件下使用,其可靠性会降低。优点是使用长电缆时,不会降低换能器的灵敏度,不需要复校系统,而且低频截止频率很低。

3)处理和变换仪器

把振动转换成电信号,经前置放大器放大后,由处理和变换仪器进行检测,并在仪表上得出相应的振动量读数,或者用滤波器分频,得出分频的振动量或分频的振动图形。

(1)振动计

通常可测量位移、速度或加速度,并可外接滤波器等设备进行频谱分析。

(2)滤波器

常用滤波器的频率在声频范围内,当测量低于 20Hz 的振动时,可采用频率范围 2 ~ 20000Hz,频带宽度为窄带、1/3 倍频带和 1/1 倍频带。

(3)频率分析仪

频率范围一般为 2 ~ 20000Hz。"恒百分率"带通滤波器的带宽为 1%、3%、10% 和 1/3 倍频带,而恒带宽一般为 2 ~ 100Hz。

(4)实时分析仪

能对声音和振动信号作连续和瞬态数据分析。常用的可进行 1.6 ~ 20000Hz、1/3 倍频带分析或 2 ~ 6000Hz、1/1 倍频带分析。

(5)记录器

振动信号经过放大分析后,用记录器记录振级;也可以在信号放大后再进行分析。

### 3.2.2　操作方法

1)传感器的安装

(1)安装方法

测量振动时,加速度计要妥善安装,常用的安装方法有:

①用钢螺栓安装,能得到最佳频率。

②用永久磁铁安装,能与振动试件电绝缘,加速度 $50g \sim 200g$,适用于温度不超过 150℃振动物体的测量。

③用绝缘螺栓加云母垫圈安装。

④用粘接剂和粘接螺栓安装,便于经常移动。

⑤用薄蜡层安装,频响很好,但高温时会下降。

⑥用探管或探针安装,用于频率不大于 1000Hz 等特殊情况。

(2)传感器安装注意事项

①传感器应安装在能反映结构整体动态特性位置上,而不要装在可能产生局部共振的部件上(例如汽车的挡泥板),当然如想测量的就是局部共振(如机床的主轴)另作别论。

②传感器应直接装在被测系统上而不要另用支架或中间连接件,如不得不采用时,则支架应尽量刚硬,其最低阶共振频率应为被测上限频率的 5 ~ 10 倍。

2)传感器校准

主要是校准灵敏度,常用的方法有比较法和绝对法。

(1)比较法

比较法是把要校准的传感器与已知灵敏度的标准传感器在相同的振动条件下,比较他们的电压输出,以校准传感器的灵敏度。

(2)绝对法

绝对法又分为互易法和干涉法。互易法是根据声和振动的互易原理,利用传感器和校准用的振动台之间的互易性,直接得到传感器的灵敏度。干涉法是根据光的干涉原理,使用激光干涉测距仪直接测量,把要校准的传感器安装在振动台台面上,根据振动台的振幅来确定传感器的位移灵敏度。绝对法的准确度在 ±0.5% 左右。此外,工作校准还包括电缆电容、电压灵敏度、横向灵敏度、无阻尼固有频率和频响曲线等。

## 3.3 检测点的布置与安装

一般测点应选在接触良好、局部刚度较大部位。值得注意的是,测点一经确定之后,就要经常在同一点进行测量。特别是高频振动,测点对测定值的影响很大。为此,确定测点后必须做出记号,并且每次都要在固定位置测量,以便于后期针对测定结果做对比分析。

### 3.3.1 检测点布置

通常在容易接近的设备暴露部分进行测量。应保证测量能合理地反映轴承座的振动,而不包括任何局部的共振或放大,振动测量的位置与方向必须对于测量设备的动态力要有足够的灵敏度,典型情况下,需要在每一个轴承盖或轴承座两个相互正交的径向位置进行测量。一般测量振动时,都需要从被测件轴向、水平和垂直三个方向测量。

TBM 上的旋转机械振动测试包含电机、变速箱、水泵、风机等回转机械;盾构机与 TBM 类似。考虑到测量效率,应根据机械容易产生的异常情况来确定重点测量方向。例如:测量轴时,不平衡问题重点测水平方向,不同轴问题重点测轴向,而松动问题则重点测量垂直方向。考虑到振动频率不同,一般低频率振动要注意测量方向,而高频振动只需取最易测的一个方向。TBM 关键部位、关键部件振动测量点布置见表 3-2,盾构机按系统组成参考实施。

**TBM 关键部位、部件振动测点布置** 表 3-2

| 序号 | 系统、部件 | 检测部位 | 测量项目 | |
|---|---|---|---|---|
| | | | 加速度(mm/s$^2$) | 速度(mm/s) |
| 1 | 主轴承 | 左上 | | |
| | | 左下 | | |
| | | 右上 | | |
| | | 右下 | | |
| 2 | 主驱动系统 | 电机、变速箱 1 | | |
| | | 电机、变速箱 2 | | |
| | | 电机、变速箱 3 | | |
| | | 电机、变速箱 4 | | |
| | | 电机、变速箱 $n$ | | |

续上表

| 序号 | 系统、部件 | 检测部位 | 测量项目 | |
|---|---|---|---|---|
| | | | 加速度($mm/s^2$) | 速度(mm/s) |
| 3 | 推进、支撑系统 | 电机、泵站 | | |
| 4 | 润滑系统 | 润滑回油马达 | | |
| 5 | 锚杆钻机 | 电机、泵 | | |
| 6 | 皮带输送机 | 马达/电机 | | |
| | | 变速箱 | | |
| 7 | 水泵 | 1号内循环水泵 | | |
| | | 2号内循环水泵 | | |
| | | 1号外循环水泵 | | |
| | | 2号外循环水泵 | | |
| | | 工业水泵 | | |
| | | 刀盘喷水泵 | | |
| | | L1区钻机水泵 | | |
| | | L2区钻机水泵 | | |
| 8 | 通风、除尘风机 | 电机 | | |

## 3.3.2 测点的安装

各测试设备的测点的安装见表3-3。

测试设备的测点的安装示意　　表3-3

| 被测设备或部件名称 | 测点布置图 | 测点名称 | 序号 | 检测方向 |
|---|---|---|---|---|
| 泵及电机 | 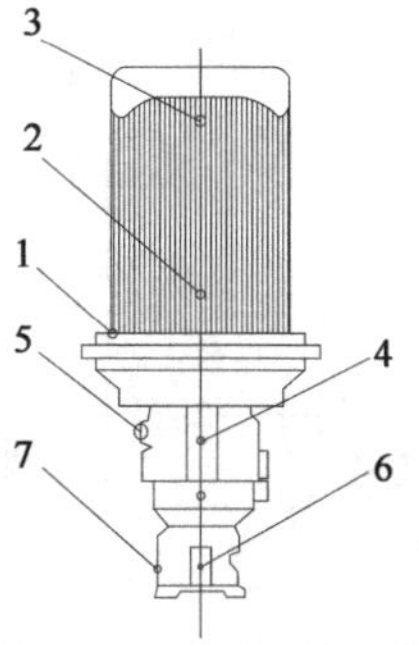 | 电机(基座) | 1 | 垂直 |
| | | 电机(前) | 2 | 水平 |
| | | 电机(后) | 3 | 水平 |
| | | 泵 | 4 | 水平 |
| | | 泵(侧) | 5 | 水平 |
| | | 二级泵 | 6 | 水平 |
| | | 二级泵(侧) | 7 | 水平 |

续上表

| 被测设备或部件名称 | 测点布置图 | 测点名称 | 序号 | 检测方向 |
|---|---|---|---|---|
| 泵及电机 | 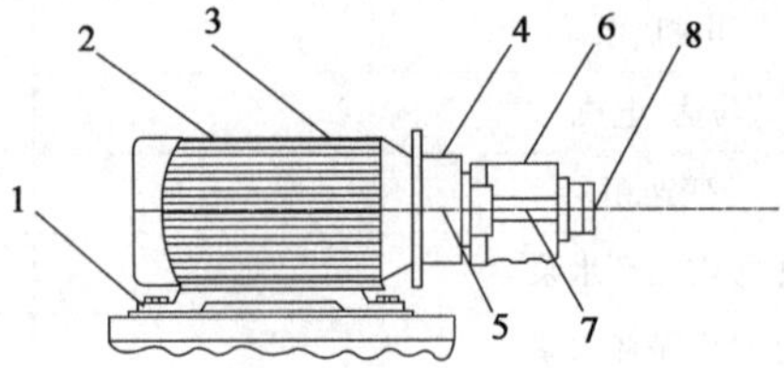 | 电机(基座) | 1 | 垂直 |
| | | 电机(后) | 2 | 垂直 |
| | | 电机(前) | 3 | 垂直 |
| | | 泵(顶) | 4 | 垂直 |
| | | 泵(侧) | 5 | 水平 |
| | | 二级泵(顶) | 6 | 垂直 |
| | | 二级泵(侧) | 7 | 水平 |
| | | 轴 | 8 | 水平 |
| 主驱动及变速箱 | 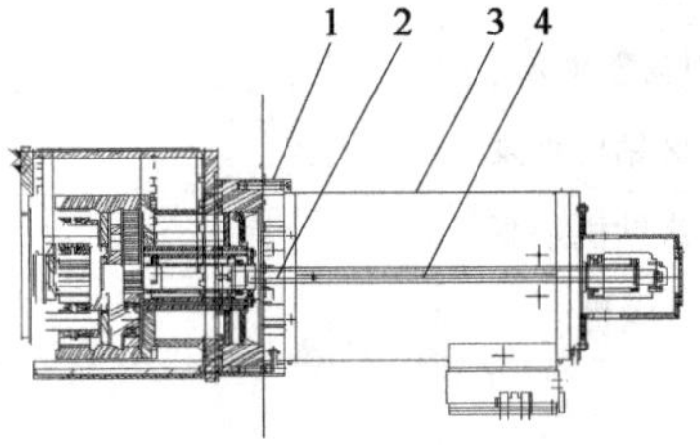 | 变速箱(顶) | 1 | 垂直 |
| | | 变速箱(侧) | 2 | 水平 |
| | | 电机(顶) | 3 | 垂直 |
| | | 电机(侧) | 4 | 水平 |
| 轴承座与端盖轴承 | 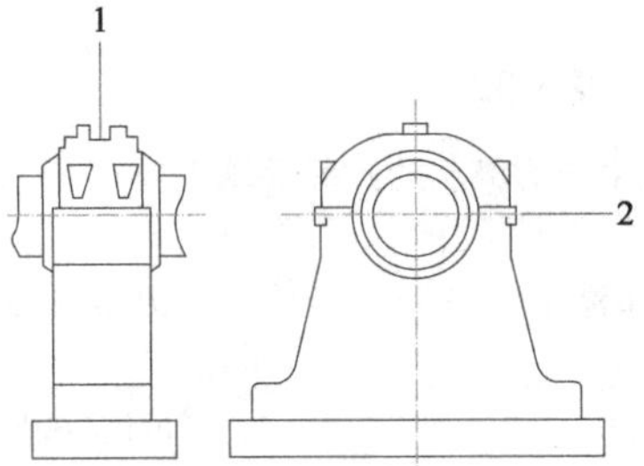 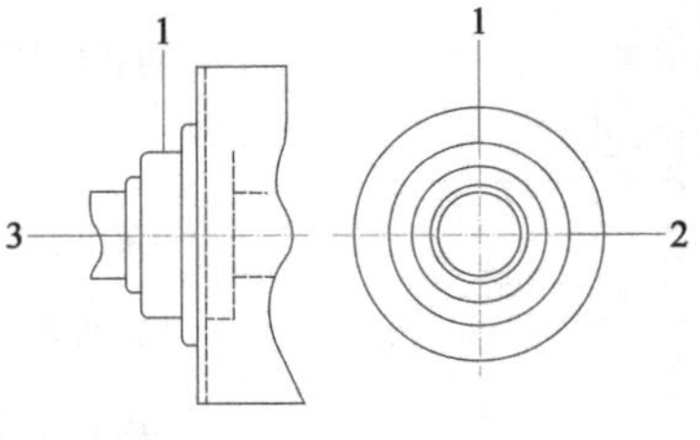 | 轴承座/盖(顶) | 1 | 垂直 |
| | | 轴承座/盖(侧) | 2 | 水平 |
| | | 轴承轴向 | 3 | 水平 |

# 3.4　机械振动数据采集及分析

## 3.4.1　振动测量周期及数据采集

1)振动测量周期

为了能及时发现设备初期的状态异常和检测劣化趋势,需要定期进行测量。规定的周期应不至于忽略严重的异常情况,并尽可能将周期安排得短一些。但是如将测量周期缩短到不必要的程度,那也是不经济的。所以,需要对每个检测对象规定合适的周期。

一般说来,转速高、负荷重、劣化速度快的机械或装置,测量周期应规定得短一些。为了获得理想的预报能力,在机械两次故障间的平均运行时间内至少应该测量6次。当振动处于正常情况时,可以保持固定的周期;当振动增大或达到注意范围时,则应开始缩短测量周期。科学的方法是根据现在的测定值和上一次的测定值来确定下一次测量的日期。

2)振动数据采集、记录

TBM/盾构机最普遍应用的是便携式振动数据采集分析仪,主要用于旋转机器轴承和轴的振动测量与评估,数据采集、记录可参照表3-4。

振动数据采集、记录表　　表3-4

| 序号 | 测点部位 | 测点时间 | 振动实测值 | 备　注 |
|---|---|---|---|---|
| 1 | 主驱动电机1 | 20××/×/×× | × | 正常/异常 |
| 2 | | | | |
| 3 | | | | |

## 3.4.2　振动数据判断标准及分析

按照标准制定方法的不同,振动诊断标准通常分为三类:绝对判断标准、相对判断标准和类比判断标准。

1)绝对判断标准

设备的振动具有加速度、速度、位移三个描述参量,通常基于振动的设备运行状态判定标准相应的有加速度、速度、位移标准,一般低频时的振动强度由位移值度量;中频时的振动强度由速度值度量;高频时的振动强度由加速度值度量。绝对判断标准是将测定的数据或统计量直接与标准阈值相比较，以判断设备所处的状态。它是根据对某类设备长期使用、观察、维修与测试后的经验总结，并在规定了正确的测定方法后制定的，在使用时必须掌握标准的适用范围和测定方法。

例如，在进行轴承与齿轮部件的中频与高频振动检测时（如受刀盘振动干扰较小的拖车区域设备），一般采用速度判断与加速度的判断，选用能够客观地评定振动大小的绝对单位制（即 MKS 制）进行状态评估，速度 $v$ 的单位以"m/s"表示，加速度 $a$ 的单位以"$m/s^2$"表示。对于受刀盘振动干扰较大的主机区域设备振动检测则不适合采用绝对判断标准进行评估。

一般，电机的振动测量与评价可参照《轴中心高为 56mm 及以上电机的机械振动 振动的测量、评定及限值》（GB/T 10068—2020）执行；泵的振动测量与评价可参照《泵的振动测量与评价方法》（GB/T 29531—2013）执行；通风机振动检测可参照《通风机振动检测及其限值》（JB/T 8689—2014）执行。

TBM/盾构机关键设备振动检测评价可参考振动标准见表 3-5。

**TBM 关键设备参考标准** 表 3-5

<table>
<tr><th>振动速度有效值（mm/s）</th><th>第一类</th><th>第二类</th><th>第三类</th><th>第四类</th></tr>
<tr><td>0.28</td><td rowspan="3">A</td><td rowspan="4">A</td><td rowspan="5">A</td><td rowspan="6">A</td></tr>
<tr><td>0.43</td></tr>
<tr><td>0.71</td></tr>
<tr><td>1.12</td><td rowspan="2">B</td></tr>
<tr><td>1.80</td><td rowspan="2">B</td></tr>
<tr><td>2.80</td><td rowspan="2">C</td><td rowspan="2">B</td></tr>
<tr><td>4.50</td><td rowspan="2">C</td><td rowspan="2">B</td></tr>
<tr><td>7.10</td><td rowspan="6">D</td><td rowspan="2">C</td></tr>
<tr><td>11.20</td><td rowspan="5">D</td><td rowspan="2">C</td></tr>
<tr><td>18.00</td><td rowspan="4">D</td></tr>
<tr><td>28.00</td><td rowspan="3">D</td></tr>
<tr><td>45.00</td></tr>
<tr><td>71.00</td></tr>
</table>

注：1. 数据来源于旋转机械振动诊断的国际标准振动烈度判定依据 ISO 2372（10 ~ 1000Hz）。

2. A：好；B：较好；C：允许；D：不允许。

3. 第一类：小型机械（如 15kW 以下的电动机、泵、马达；

第二类：中型机械（如 15 ~ 75kW 的电动机）；

第三类：大型机构（主梁、刀盘、主轴承、皮带输送机驱动等）；

第四类：大型机构（安装在较柔的基础上）。

4. 转速：600 ~ 1200r/min，振动测量范围：10 ~ 1000Hz。

2)相对判断标准

在设备诊断中尚无适用的绝对判断标准时,可采用振动的相对判断标准,即对设备同一部位的振动进行定期检测,以设备正常状态下的振动值为标准值(参考值),根据实测值与标准值之比是否超标来判定设备的运行状态。若与设备自身历史状态数据相比较,简称“自身纵向比较法”;若无历史状态资料可查时,可另选同类型正常的机器作相应的比较,简称“同类横向比较法”。相对标准中标准值的确定极为重要,通常标准值的确定是依据实测值的统计和经验逐步修正完善的。表3-6为ISO建议的一般旋转机械相对标准,表3-7为日本工业界所采用的相对标准。

**ISO 10816(原ISO 2372)建议的相对判断标准**　　表3-6

| 频率范围 | <1000Hz | >4000Hz |
|---|---|---|
| 注意区 | 2.5倍(8dB) | 6倍(16dB) |
| 异常区 | 10倍(20dB) | 100倍(40dB) |

**日本采用的振动相对标准**　　表3-7

| 频率范围 | <1000Hz | >1000Hz |
|---|---|---|
| 注意范围 | 1.5~2.0倍 | 3倍 |
| 异常范围 | 4.0倍 | 6倍 |

采用这种判断标准时,要求根据设备的同一部位、同一量值进行测定,将设备正常运转情况下的量值作为初始值即标准值,按时间先后将实测值与初始值进行比较来判断设备状态。具体来说,就是在TBM/盾构机施工初期(或者新设备/大修后),对同一设备进行振动诸多参数采集,以此作为初始测定值,经过不同阶段相同条件下的多次采集,经几次结果进行分析比较,可以推断出该部位的运转情况,故障的变化趋势。

隧道掘进机,尤其是TBM主机区域关键设备振动数据受主驱动刀盘运转产生的强烈振动干扰因素影响,普遍偏大,不适应采用绝对判断标准,一般采用相对判断标准评判。

3)类比判断标准

类比判断标准是把数台型号相同的机械设备或零部件在外载荷、转速以及环境因素等都相似的条件下的测量值进行比较,依此区分这些同类设备或零部件所处的工况状态。对于同规格型号、同运行状况的若干台设备在缺乏必要的标准时可以采用类比标准进行状态判别。一般认为,当低频段振动值大于其他大多数设备同一部位测得的振动值(视正常值)1倍以上时,高频大于2倍以上时,该设备就有可能出现异常,见表 3-8。

建议的类比判别标准 表 3-8

| 评价 | 低频机械( <1000Hz) | 高频机械( >1000Hz) |
|---|---|---|
| 异常 | >1 倍 | >2 倍 |

例如,将数台机型相同、规格相同的设备,如 TBM/盾构机的所有主电机(液压马达)、主变速箱,在相同的运转条件下对它们进行振动参数测试,经过相互比较可对设备的状态进行评定。

# 第4章　红外检测技术

红外线是一种波长范围在0.78～1000μm频谱范围内的电磁辐射波，属不可见光，简称红外，常用于数据的无线传输等，已衍生出红外摄像、红外激光、红外接口、红外检测等丰富的产品与技术，广泛应用于安防监控、医疗器械、通信等领域。

本章所述红外检测技术，仅基于其在温度检测方面的应用。自然界内，任何温度高于绝对零度（－273.15℃）的物体，都会向外部空间以红外线的方式辐射能量，物体温度越高则向外辐射的能量越多。红外检测技术，是指利用红外线的物理性质来实现相关物理量测量的检测技术，具有高灵敏度、高稳定性和较强的抗干扰性等优点。

## 4.1　红外检测设备及工作原理

红外辐射探测是将被测物体的辐射能转换为可测量的形式，对被测物体的热效应进行热电转换来表达测量物体红外辐射的强弱，或利用红外辐射的光电效应产生的电性变化来测量物体红外辐射强弱。红外辐射的探测是通过红外探测器来实现的。

借助对物体自身所辐射红外能量的测量，便能准确地测定其表面温度，这就是红外辐射测温所依据的客观基础。红外测温仪是通过接受物体辐射的红外能量，经转换计算出物体的表面温度。红外测温仪器主要有三种类型：红外测温仪、红外热像仪、红外热电视。

### 4.1.1 红外测温仪

1)基本原理

红外测温仪的基本原理是将目标的红外辐射能量经仪器透镜会聚,并通过红外滤光片进入探测器,探测器将辐射能转换成电能信号,信号经过放大器和信号处理电路,并按照仪器的算法和目标发射率校正后转变为被测目标的温度值,并予以显示。

2)基本组成

红外测温仪由光学系统、红外探测器、信号放大器及信号处理电路组成。

(1)光学系统

光学系统用于收集处于视场内的辐射源所发射的红外辐射能量,再把它聚集到探测器接受光敏面上,视场的大小由测温仪的光学零件及其位置确定。光学系统视工作方式的不同分为调焦式和固定焦点式,其场镜按照设计原理可分为反射式、折射式和干涉式。

(2)红外探测器

红外探测器的作用是将接受到的红外辐射能量转换成相应的电信号,目前可分为热敏探测器和光电探测器两大类。光电探测器的工作原理是基于光电效应;热敏探测器则基于材料在吸收了光辐射能量后,由于材料温度升高所带来的电学性能改变,其区别于光电探测器的最大特点是对光辐射的波长无选择性。

(3)信号放大器和信号处理电路

所接收信号经过放大器和信号处理电路按照仪器内部的算法计算和目标发射率校正后转变为被测目标的温度值。

3)技术要求

为了提高传输效率并且无畸变地转换光电信号,光电探测器不仅要和被测信号、光学系统相匹配,而且要和后续的电子线路在特性和工作参数上相匹配,使每个相互连接的器件都处于最佳工作状态。为使器件能长期稳定可靠地工作,必须选择好器件的规格和使用的环境,确保器件在额定条件下使用。光电探测器件的应用选择要点归纳如下:

(1)光电探测器必须和辐射信号源及光学系统在光谱特性上相匹配。

(2)光电探测器的光电转换特性必须和入射辐射能量相匹配。其中首先要注意器件的感光面要和照射光匹配好,光源必须照到器件的有效位置,如光照位置发生变化,则光电灵敏度将发生变化。

(3)光电探测器必须和光信号的调制形式、信号频率及波形相匹配,以保证获得没有频率失真的输出波形和良好的时间响应。

(4)光电探测器必须和输入电路在电特性上良好匹配,以保证有足够大的转换系数、线性范围、信噪比及快速的动态响应等。

## 4.1.2 红外热像仪

红外光谱是人眼所看不见的,若要使之成为可见的图像,需进行转换,但用照相机原理来摄取是有困难的,因为难以制造出对红外光谱敏感的感光胶片。因此,需采用红外成像的办法把红外辐射转换成可见光并显示出来。

红外成像仪,也常简称为热像仪,主要是检测 0.9 ~ 14μm 波长范围内的红外电磁频谱区的辐射量,通过热图像技术,给出热辐射体的温度值及温度场分布图,并转换成可见的热图像。

1)基本原理

红外热像仪是利用光学系统收集被测目标的红外辐射能,经光谱滤波、空间滤波,使聚焦的红外辐射能量分布图形反映到红外探测器的光敏元件上,利用光系统与红外探测器之间的光机扫描机构对被测物体红外进行扫描,由探测器将红外辐射能转换成电信号,经放大处理转换成标准视频信号,并通过电视屏显示红外热像。

2)分类

红外热像仪分为光机扫描成像系统和非扫描成像系统。光机扫描成像系统采用单元或多元光电导或光伏红外探测器,用单元探测器时速度慢,主要是帧频响应时间不够快,多元阵列探测器可实现高速、实时扫描成像。非扫描成像的热像仪,如近几年推出的阵列式凝视成像的焦平面热像仪,属新一代热成像装置,在性能上大大优于光机扫描成像系统,有逐步取代的趋势。

焦平面热像仪,其关键技术在于探测器由单片集成电路组成,可将被测目标的整个视野都聚焦在其上,成像更加清晰,使用更加方便,仪器小巧轻便,同时具有自动调焦图像冻结、连续放大、点温、线温、等温和语音注释图像等功能,兼容 PC 卡,存储容量高。

3)主要参数

(1)工作波段:工作波段是指红外热像仪中所选择的红外探测器的响应波长区域,一般为 3 ~ 5μm 或 8 ~ 12μm。

(2)探测器类型:探测器指的是使用的一种红外器件,是采用单元或多元光电导或光伏红外探测器。

(3)扫描制式:一般为我国标准电视制式,PAL(Phase Alteration Line)制式。

(4)显示方式:屏幕显示是黑白显示还是彩色显示。

(5)温度测定范围:测定温度的最低限与最高限区间值。

(6)测温准确度:红外热像仪测温的最大误差与仪器量程之比的百分数。

(7)最大工作时间:允许连续工作的时长。

### 4.1.3 红外热电视

1)基本原理及功能

红外热电视是红外热像仪的一种,它是通过热释电摄像管(PEV)接受被测目标物体的表面红外辐射,并把目标内热辐射分布的不可见热图像转变成视频信号。其利用热成像技术将这种看不见的"热像"转变成可见光图像,测试效果直观,灵敏度高,能检测出设备细微的热状态变化,准确反映设备内部、外部的发热情况,可靠性高,可有效用于设备隐患排查。

2)热释电摄像管组成

热释电摄像管是一种实时、宽谱,具有中等分辨率的热成像关键器件,主要由透镜、靶面和电子枪三部分组成。其技术功能是将被测目标的红外辐射线通过透镜聚焦成像到热释电摄像管,采用常温探测器和电子束扫描及靶面成像技术来实现。

### 4.1.4 红外检测设备分类及功能特点

红外检测常用设备分类及主要技术特点见表4-1。

红外检测设备分类及特点　　表4-1

| 设备类型 | | 功能特点 | 适用场景 |
|---|---|---|---|
| 红外测温仪 | 激光瞄准式 | 不能成像,只能测温,功能简单 | 一般仅用于接头过热故障的监视和粗略查找 |
| | 光学望远瞄准式 | 不能成像,只能测温,功能简单 | 一般仅用于接头过热故障的监视和粗略查找 |
| 红外热像仪 | 光机扫描式 | 可稳定成像,具有彩色、定格、图像分析功能,测温准确,图像质量、温度及空间分辨力、帧频均良好 | 适合外部、内部故障诊断 |
| | 焦平面式 | 可稳定成像,测温准确,图像质量、温度及空间分辨力、帧频均良好 | 适合外部、内部故障诊断 |

续上表

| 设备类型 | | 功能特点 | 适用场景 |
|---|---|---|---|
| 红外热电视 | 平移式 | 工作时必须不停摇动摄像机，平移有严重拖尾，信号失真，图像质量较差，测温误差较大，无彩色、定格、图像分析功能 | 适合查找接头过热，但不适合内部故障诊断 |
| | 瞬变式 | 平移时有拖尾，瞬变工作时无拖尾，图像质量一般，有彩色、定格、图像分析功能 | 适合查找接头过热，也可用于简单的内部故障诊断 |
| | 折波式 | 工作时无须摇动摄像机即可稳定成像，无拖尾，图像质量好、测温准确，有较强图像分析功能及彩色、定格、图像存储功能 | 适合外部、内部故障诊断 |

## 4.2 测温点布置

在TBM/盾构机使用、管理过程中，选择相应的测温仪器，采集设备(系统)在工作时的温度参数，并通过数据分析和趋势变化来评估设备的工作状态。采集对象主要是主驱动电机、泵站、空气压缩机(空压机)、变压器等关键部件。主要设备及关键部件测温点布置见表4-2。

主要设备及关键部件测温点布置表 表4-2

| 序号 | 类型 | 测点部件/位置 | 测温点布设 | 目的 |
|---|---|---|---|---|
| 1 | 电机类 | 电机表面、端子、前后端、绕组、扭矩限制器 | 电机前端、后端 | 检查轴承运行、润滑情况 |
| | | | 电机扭矩限制器 | 剪切销、限制器是否正常运行 |
| | | | 电机表面 | 检查电机冷却系统 |
| | | | 接线端子 | 电气线路是否正常工作 |
| | | | 绕组、接线端子 | 检查电机电路、线路是否正常 |
| 2 | 泵站 | 主泵站、锚杆钻机泵站、润滑泵站、机械手喷射泵站 | 电机前端、后端 | 检查轴承运行、润滑情况 |
| | | | 油箱温度 | 检查冷却系统是否运行正常，油液质量是否达标 |
| | | | 泵、阀组、马达表面温度 | 检查油泵、马达部件运行情况，冷却润滑系统是否正常 |

续上表

| 序号 | 类型 | 测点部件/位置 | 测温点布设 | 目　的 |
|---|---|---|---|---|
| 3 | 变速箱类 | 皮带输送机变速箱 | 变速箱轴端温度 | 检查电机、变速箱是否正常运转、变速箱润滑油量是否充足 |
| | | 主驱动变速箱 | | |
| 4 | 电气类 | 电缆 | 电缆接头及电缆自身温度 | 检查接头连接状态,电缆及附件介质、绝缘材料是否正常;检查电缆是否存在放电现象 |
| | | 断路器 | 断路器表面、进出线端子温度 | 检查开关柜与断路器配合情况、开关柜绝缘性能、相间或对地短路的电气安全是否可靠 |
| | | 变压器 | 变压器高低压侧箱体、运行负载和各绕组 | 检查接头及各导电部位是否过热、松弛;温度、温控装置、风机冷却装置是否能按设定值可靠运行 |
| | | 变频柜 | 变频器控制板、散热片 | 检查冷却系统是否正常、电机是否过载、热敏电阻连接、现场散热是否正常、控制柜中元件接触是否牢固 |
| | | 配电柜 | 接线端子、模块、开关电源 | 检查配电柜中各元器件是否存在接触不良、接头松动、端子损坏等情况;连接松弛、元件老化或安装不当等原因引起电阻增大、短路、过载 |
| 5 | 通风、除尘风机 | 除尘风箱、出风口 | 除尘风箱、出风口温度 | 检查滤板是否积灰、除尘效果 |
| 6 | 空压机 | 油水分离器<br>空压机箱体 | 运行温度 | 检查空压机冷却系统、散热、加卸载是否正常 |

## 4.3 温度数据采集及分析

红外检测技术在设备故障诊断方面有着重要作用,通过对 TBM/盾构机重点部位、系统及关键部件温度进行连续、周期性监测,定期对数据进行筛选、对比、分析,实时掌握设备状态,据此对设备故障和存在的问题进行诊断,以制订相应措施,保证设备完好率。

## 4.3.1 测温周期及数据采集

对机械设备来说，运转时间过久都会发热，正常情况下，温度不会超过设定的标准；但若设备出现异常，就可能会造成温度超标，如果没有及时监测温度，在高温下运转很容易造成设备损坏。因此，在TBM/盾构机使用和管理中，加强各系统及设备的温度检测及分析工作，是设备运行状态监测的一个重要举措。

1）测温周期

TBM/盾构机是机、电、液及智能化高度集成的设备，系统复杂、造价高昂，各系统及部件一旦出现问题将直接导致机器无法正常工作，从而影响到整个施工进度。因此，需要对各设备定期进行温度检测。设备温度检测周期见表4-3。

**TBM/盾构机主要设备温度检测周期表**（推荐） 表4-3

| 序　号 | 设备（系统）名称 | 检测周期（d） |
|---|---|---|
| 1 | 主驱动电机 | 1 |
| 2 | 变速箱 | 1 |
| 3 | 液压主泵站 | 3 |
| 4 | 齿轮油润滑泵站 | 3 |
| 5 | 锚杆钻机泵站 | 3 |
| 6 | 混凝土输送泵 | 3 |
| 7 | 混凝土喷射泵站 | 3 |
| 8 | 通风、除尘风机 | 3 |
| 9 | 水泵（供排水） | 1 |
| 10 | 皮带输送机驱动 | 3 |
| 11 | 空压机 | 3 |
| 12 | 变压器 | 1 |
| 13 | 配电柜 | 3 |
| 14 | 变频柜 | 3 |
| 15 | 高压电缆（本体/接头） | 15 |

2）数据采集

温度测定值的判断标准采用相对标准，即用测定值与参考值相比较，参考值是指作为对照标准而预先设定的，可依据相关规范或根据设备厂家提供而定。

温度数据采集点参照表4-2，温度检测记录的主要内容至少包括表4-4中列出的内容，检测记录应建立台账，方便查验及数据分析对比，并在设备全寿命周期内予以保存。

TBM/盾构机主要设备温度采集记录表　　表4-4

| 序号 | 设备名称 | 测温部位 | 测量时间(年/月/日) | 测量温度(℃) | 备　注 |
|---|---|---|---|---|---|
| 1 | 主驱动电机 | 电机前后端 | ××/××/×× | × | 正常/异常 |
| 2 | 后配套皮带输送机 | 电机、变速箱 | ××/××/×× | × | 正常/异常 |

## 4.3.2　温度数据判断标准及分析

红外检测诊断技术是通过红外测温仪、热像仪等仪器，测量设备的表面温度及温度场分布，依据设备发热情况判定运转状态。

1)温度数据判断标准

一般电机、空压机等设备会由生产厂家提供工作温度说明，技术人员可根据其给定值判断设备运转状态下的温度值是否正常。

通常，还可以借助一段时间的记录和积累，确定设备上某一位置在某种工况下的正常运行温度值，制定参照标准，然后根据所制定的标准判断设备的运行温度是否正常。对于未明确提出工作温度参考说明，或是某些特定工况下的设备运转判定，这是一种比较可行的方法。

根据TBM/盾构机在实际施工中的技术要求，结合不同工况的多次现场测试结果并厂家数据，制定出以下推荐性标准。其中表4-5为TBM/盾构机主要设备温度标准，表4-6为主要电气设备有关部件的最高允许温度。

主要设备温度标准(推荐)　　表4-5

| 序号 | 设备或部件 | 温度检测点 | 测点温度试行标准(℃) |
|---|---|---|---|
| 1 | 泵站 | 电机前端 | 正常:电机小于55,泵小于65;<br>注意:电机55~65,泵65~80;<br>不允许:电机大于65,泵大于80 |
| | | 电机后端 | |
| | | 一级、二级泵 | |
| 2 | 主驱动电机 | 电机前端 | 正常:电机小于45,变速箱小于60;<br>注意:电机45~70,变速箱60~75;<br>不允许:电机大于70,变速箱大于75 |
| | | 电机后端 | |
| | | 变速箱 | |
| 3 | 油液 | 液压油 | 正常:液压油30~60,润滑油35~45;<br>注意:液压油60~80,润滑油45~65;<br>不允许:液压油大于80或小于20,润滑油大于70 |
| | | 润滑油 | |

续上表

| 序号 | 设备或部件 | 温度检测点 | 测点温度试行标准(℃) |
|---|---|---|---|
| 4 | 空压机 | 电机前端 | 正常:电机小于50,运行温度75~90;<br>注意:电机50~70,运行温度90~110;<br>不允许:电机大于70,运行温度大于110 |
| | | 电机后端 | |
| | | 运行温度 | |

电气设备有关部件最高允许温度(环境温度40℃) 表4-6

| 设备及部位 | | 最高允许温度(℃) | 设备及部位 | | 最高允许温度(℃) |
|---|---|---|---|---|---|
| 隔离开关 | 触头处 | 65 | 干式变压器 | 接线端子 | 75 |
| | 接头处 | 75 | | 本体(绕组) | 按绝缘耐温等级 |
| 低压开关柜 | 触头处 | 65 | 电容器 | 接线端子 | 75 |
| | 接头处 | 75 | | 本体 | 70 |
| 断路器 | 接线端子 | 75 | 母线接头 | 硬铜线 | 70 |
| | 机械结构 | 110 | | 硬铜绞线 | 90 |
| 互感器 | 接线端子 | 75 | | 硬铝线 | 90 |
| | 本体 | 90 | | 耐热铝合金线 | 150 |

2)数据分析方法

常用的温度数据分析方法有表面温度判断法、相对温差判断法、同类比较法、热像图分析法、档案分析法等几种,具体如下:

(1)表面温度判断法

将所测表面温度值对照TBM/盾构机使用及维护手册的有关规定,对温度数据进行判断:温度(或温升)超过标准的可根据设备温度超标的程度、设备负荷率的大小、设备的重要性及承受机械应力的大小来判定设备的缺陷性质,在设备负荷率较小或设备承受机械应力较大情况下的温度超标尤其应当引起重视。

(2)相对温差判断法

电流致热型设备,若发现设备的导流部分热像异常,可按相对温差公式计算出相对温差值,同时按表的规定判断设备缺陷的性质。对于负荷小、温升小但相对温差大的设备,可增大负荷电流后进行复测,以确定设备缺陷的性质。

(3)同类比较法

该方法适用于同规格型号的电压致热设备及同回路中电流致热型设备的温度变化监测及对比分析。对于电流致热型设备,同一电气回路中,当三相电流对称和三相设备相同时,可以比较三相电流致热型设备对应部位的温升值,即可判断设备是否正常；若三相负荷电流不对称时，则应考虑负荷电流的影响。对于型号规格相同的电压致热型设备，可以根据其对应点温升值的差异来判断设备是否正常，一般情况下，同类温差超过允许温升值的30%时，应判定为重大缺陷，但当三相电压不对称时，同样应考虑工作电压的影响。

(4)热像图分析法

在对温度异常设备进行缺陷判断时，可对比同类设备在正常和异常状态下的热像图差异来辅助判断。

(5)档案分析法

在一段时间内使用红外热像仪连续检测被测设备，观察设备温度随负载、时间等因素变化的方法。根据试验报告来分析同一设备在不同时期的检测数据(例如温升、相对温差和热像图)，找出设备致热参数的变化趋势和变化速率，以判断设备是否正常。

3)常见故障及处理

采用测温仪进行温度检测，发现温度过高时，及时查找原因并采取相应的降温措施，防止温度过高对设备造成损坏；如果是设备内部某零件损坏造成温度过高，需要立即停机进行维修或更换。提前做好准备工作，有计划性地开展检测和维修工作，可以有效节约时间，从而提高设备利用率。TBM/盾构机主要设备温度异常故障及处理措施见表4-7。

主要设备温度异常故障及处理措施　　表4-7

| 序号 | 故障表现 | 可能原因 | 处理措施 |
|---|---|---|---|
| 1 | 电机温度异常 | 轴承损坏 | 返厂检测、检修，更换新轴承 |
| | | 润滑不良或失效 | 参照要求，加注油脂 |
| | | 温控线路故障 | 检查线路及相关电气元件 |
| | | 冷却效果不佳(主电机) | 检查冷却管路及阀门 |
| 2 | 变速箱温度高 | 润滑油量不足 | 添加润滑油 |
| | | 内部齿轮损坏 | 更换、检修 |
| | | 变速箱与电机未对正 | 重新定位、安装 |
| 3 | 油泵温度高 | 泵空吸 | 打开相应球阀 |
| | | 控制阀组调定不正确或损坏 | 重新调定或更换 |
| | | 油泵磨损 | 检修或更换新油泵 |
| 4 | 油箱温度高 | 油位过低 | 加注相应油品 |
| | | 温度传感器损坏 | 检查、更换相关部件 |
| | | 冷却效果不佳 | 检查冷却系统，降低油温 |

续上表

| 序号 | 故障表现 | 可能原因 | 处理措施 |
|---|---|---|---|
| 5 | 空压机主机排气高温 | 环境温度高 | 正确防护、增加散热 |
| | | 温控仪损坏 | 检查、更换相关部件 |
| | | 连续长时间加载 | 保证管路、接头的严密性，根据需求合理调定加、卸载压力 |
| | | 冷却系统故障 | 检查管路，定期更换冷却油、滤芯、油水分离器 |
| | | 风扇未启动 | 检查风扇、控制电路是否正常 |
| 6 | 变压器温度高 | 灰尘过多 | 定期停电检查、清理灰尘 |
| | | 温控仪损坏 | 检查、更换相关部件 |
| | | 接头及各导电部位松动 | 停电检查、紧固维护 |
| | | 风扇未启动 | 检查风扇、控制电路是否正常 |
| | | 环境温度高 | 增强通风循环，降低环境温度 |
| 7 | 高压电缆温度高 | 接头制造不合格、接触不良 | 专业技术人员制作，保证接头质量 |
| | | 选型不当，电缆过载 | 根据现场需求，选择满足要求的电缆 |
| | | 绝缘性能不好 | 选用合格产品 |
| | | 距离热源太近 | 预留足够空间散热 |
| 8 | 混凝土输送泵温度高 | 油泵磨损 | 检修或更换 |
| | | 压力、排量调定不合适 | 按照要求正确调定 |
| | | 不正确操作 | 对使用人员进行培训，合格上岗 |
| | | 冷却效果不佳 | 检查冷却管路及阀门 |
| 9 | 除尘风机温度高 | 电机载荷过大 | 风机、除尘器同时启动作业 |
| | | 滤板积灰堵塞 | 定期清理滤板 |
| | | 温度控制回路故障 | 检查线路及相关电气元件 |

## 4.4 应用实例

在设备状态监测与诊断技术中，红外检测技术是一种最常用的方法。运转的机械设备都会发热，当设备内部异常时，一般都会出现温度和工作性能的变化。TBM/盾构机使用及管理中正确运用红外检测技术将能更好地掌握设备的状态，合理安排维修的时间，减少设备事故的发生。下面，结合有关案例介绍红外检测技术在 TBM/盾构机上的应用。

1)红外检测在 TBM/盾构机上的应用

温度异常是机械故障的"热信号"。温度诊断是以温度、温差、温度场、热像等热力学参数为检测目标,查找机件缺陷和诊断各种热应力引起的故障。

(1)机械设备状态分析

对于运转的机械设备(电机、变速箱等),温度异常升高通常是由润滑不充分造成的摩擦增加、未对中、部件磨损、载荷异常等原因引起;温度异常降低通常是由零部件失效引起。

(2)电气系统状态分析

在电气设备中,温度异常升高通常是由连接松弛或者老化造成的电阻增大、短路、过载、载荷不平衡或元件安装不当等原因引起,温度异常降低通常是由组件失效造成。

(3)液压流体系统状态分析

润滑油有最低、最高工作温度要求。低温下会造成油泵、马达等负载增大;超过最高工作温度,添加剂及黏度等理化参数会发生变化,润滑油的性能逐渐降低,甚至丧失性能,无法起到正常润滑保护作用,会使得设备寿命大打折扣。

2)红外检测能发现的常见故障

红外检测手段和测量方法都比较成熟,不同的零件发生故障性质不同,发热的趋势也不同,通过对机械设备发热测量和分析,可以对故障部位和故障性质做出判断。红外检测能够发现的 TBM/盾构机常见故障如下:

(1)TBM/盾构机滚筒轴承损坏。

(2)TBM/盾构机流体系统故障。

(3)TBM/盾构机主液压泵、电机发热量异常。

(4)液压管路滤芯、油箱内污染物质积聚。

(5)TBM/盾构机变速箱异常磨损。

(6)TBM/盾构机电气元件故障。

(7)冷却系统部件的故障。

(8)机件内部缺陷。

3)故障分析诊断

TBM/盾构机设备使用及管理中,采用红外检测技术对关键部件、系统进行监测,实现早发现、早诊断、早维护,在故障萌芽状态时进行有效地维护,从而使设备发挥最大潜能。

# 第5章 无损检测技术

无损检测,简称 NDT 或 NDE,又称为无损探伤,是在不损害或不影响被检测对象使用性能的前提下,采用射线、超声、红外、电磁等原理并结合仪器对材料、零件、设备进行缺陷、化学、物理参数检测的技术。

无损检测技术经历了三个发展阶段,即无损探伤、无损检测和无损评价。目前一般将无损检测技术统称为无损检测,而不是特指上述的第二阶段。

第一阶段无损探伤阶段(始于 20 世纪中期),当时的技术手段上可选择面并不丰富,主要采用超声、射线等技术;其目的主要是在不破坏产品的情况下发现零件或者构件中的缺陷,满足工程需要。

第二阶段无损检测阶段(20 世纪 70 年代开始),随着科学技术的不断发展,仅仅检测出是否有缺陷已无法满足实际需求。无损检测不仅仅是探测出试件是否含有缺陷,还包括探测试件的一些其他信息,例如缺陷的结构、性质、位置等,并试图通过检测掌握更多的信息。

第三阶段无损评价阶段,随着对材料、构件等质量要求不断提高,特别是针对在役设备的安全性和经济性的需求越加突出,无损检测技术进入无损评价阶段。在这一阶段,人们不仅要对缺陷的有无、属性、位置、大小等信息进行掌握,还要进一步评估分析缺陷的这些特性对被检构件的综合性能指标(例如寿命、强度、稳定性等)的影响程度,最终给出关于综合性指标的某些结论。

无损检测技术具有不破坏试件、灵敏度高、检测结果可靠等优点,因此其应用日益广泛。目前,无损检测技术在国内许多行业和部门,例如机械、冶金、石油天然气、石化、化工、航空航天、船舶、铁道、电力、核工业、兵器、煤炭、有色金属、建筑等,都得到广泛应用。

## 5.1 常规无损探伤技术

常用无损检测主要有超声检测（UT）、磁粉检测（MT）、涡流检测法（ET）、渗透检测法（PT）、目视检测五种。主要无损检测技术应用及优缺点统计见表5-1。

主要无损检测技术应用及优缺点　　表5-1

| 检测技术 | 设备 | 用途 | 优点 | 局限性 |
|---|---|---|---|---|
| 超声检测 | 超声探伤仪、探头、耦合剂及标准试块等 | 检测锻件的裂纹、分层、夹杂，焊缝中的裂纹、气孔、夹渣、未熔合、未焊透；型材的裂纹、分层、夹杂、折叠；铸件中的缩孔、气泡、热裂、冷裂、疏松、夹渣等缺陷及厚度测定 | 对平面型缺陷十分敏感，一经探伤便知结果；易于携带；穿透力强 | 为耦合传感器，要求被检表面光滑，不适用于形状复杂或表面粗糙的场景；难于探测出细小裂纹；要有参考标准；信号解释要求检验人员有较高业务素质 |
| 磁粉检测 | 磁头、扼铁、线圈、电源及磁粉，某些应用中要有专用设备和紫外光源 | 检测工件表面或近表面的裂纹、折叠夹层、夹渣及冷隔等 | 可直观地显示缺陷的形状、位置与大小，并能大致确定缺陷的性质；检测灵敏度高，可检细微的表面裂纹。应用范围广，几乎不受被检工件大小及几何形状的限制；工艺简单，检测速度快，费用低廉 | 该方法仅局限于检测铁磁材料，探伤前须清洁工件，涂层太厚会引起假显示，某些应用要求探伤后给工件退磁，难以确定缺陷深度 |
| 涡流检测 | 涡流探伤仪和标准试块 | 检测导电材料表面和近表面的裂纹、夹杂、折叠、凹坑、疏松等缺陷，并能确定缺陷位置和相对尺寸 | 经济、简便，可自动对准工件探伤，不需耦合，探头不接触试件 | 仅限于导体材料，穿透浅，要有参考标准，难以判断缺陷种类，不适合非导电材料使用 |

续上表

| 检测技术 | 设　备 | 用　途 | 优　点 | 局限性 |
|---|---|---|---|---|
| 渗透检测 | 荧光或着色渗透液、显像液、清洁剂（溶剂、乳化剂）及清洁装置。如果用荧光着色，则需紫外光源。 | 检测表面不连续性，如裂纹、气孔及缝隙等 | 几乎不受被检部件的形状、大小、组织结构、化学成分和缺陷方位的限制，可广泛适用于锻件、铸件、焊接件等各种加工工艺的质量检测；设备及操作简单，缺陷显示直观，检测灵敏度高，检测费用低，对复杂零件可一次检测出各个方向的缺陷 | 渗透检测受被检物体表面粗糙度的影响较大，不适用于多孔材料及其制品的检测；只能检测表面缺陷；涂料、污垢及涂覆金属等表面层会掩盖缺陷，需清理干净 |
| 目视检测 | 工业内窥镜 | 观察部件的内腔表面缺陷（如裂纹、毛刺、腐蚀、划痕、凸起、锈蚀等）、内部状况（如异物堵塞、多余物残留）、焊缝状况（如未焊透、焊漏、焊疤、焊瘤、飞溅等）、设备内部情况（如开关状态、零部件装配情况） | 经济简便、操作简单，不受或很少受被检测对象的材质、结构、形状、尺寸等因素的影响；可用于狭小空间的无损检测；可以发现磁粉检测等方式难以发现的较大缺陷；裂纹的检出率高；检测结果具有直观、真实、可靠的特点，而且是可重复的 | 硬性内窥镜不能弯曲，不能做长，一般在400mm内；纤维内窥镜制作长度受限，子镜，端头是CMOS电子视频内窥镜直径不能做小，一般最小在4mm左右，成本高 |

# 5.2　超声波探伤法

## 5.2.1　超声波检测的原理及特点

1）超声波检测原理

超声波检测是利用超声波在被检工件或材料中传播时遇缺陷产生超声波反射、折射和波形的转换，并以此发现缺陷的一种检测方法。探伤时，脉冲振荡器发出的电压加在探头上（用压电陶瓷或石英晶片制成的探测元件），探头发出的超声波脉冲通过声耦合介质(如机油或水等)进入材料并在其中传播,遇到缺陷后,部分反射能量沿原途径返回探头,探头又将其转变为电脉冲,经仪器放大而显示在示波管的荧光屏上。根据缺陷反射波在荧光屏上的位置和幅度(与参考试块中人工缺陷的反射波幅度作比较),即可测定缺陷的位置和大致尺寸。

超声波在介质中传播时有多种波型,检验中最常用的为纵波、横波、表面波和板波。用纵波可探测金属铸锭、坯料、中厚板、大型锻件和形状比较简单的制件中所存在的夹杂物、裂缝、缩管、白点、分层等缺陷;用横波可探测管材中的周向和轴向裂缝、划伤,焊缝中的气孔、夹渣、裂缝、未焊透等缺陷;用表面波可探测简单形状铸件上的表面缺陷;用板波可探测薄板中的缺陷。

2)超声波检测特点

(1)穿透能力强,探测深度可达数米。

(2)灵敏度高,可检测缺陷的大小通常可以认为是波长的1/2。

(3)在确定内部反射体的位向、大小、形状等方面较为准确。

(4)仅须从一面接近被检验的物体。

(5)可立即提供缺陷检验结果,操作安全,设备轻便。

### 5.2.2 超声波检测的应用

超声波探伤作为无损检测方法之一,是在不破坏加工表面的基础上,应用超声波仪器或设备来进行检测,既可以检测肉眼不能检测到的工件内部缺陷,也可以大大提高检测的准确性和可靠性,因此,超声波检测已经发展成一种很重要的无损检测方法,在生产实践中得到了广泛的应用。

## 5.3 磁粉检测

### 5.3.1 磁粉检测原理和特点

利用磁粉的聚集显示工件表面与近表面缺陷的无损检测方法称为磁粉检测法。该方法既可用于板材、型材、管材及锻造毛坯等原材料,以及半成品、成品表面与近表面的检测,也可以用于重要机械设备、压力容器及石油化工设备的定期检测。

(1)检测原理

先将待测物体置于强磁场中或通大电流使之磁化,若物体表面或表面附近有裂纹、折叠、夹杂物等缺陷存在,由于它们是非铁磁性的,对磁力线通过的阻力很大,磁力线在这些缺陷附近会产生漏磁。再将导磁性良好的磁粉(通常为磁性氧化铁粉)施加在待测物体上时,缺陷附近的漏磁场就会吸住磁粉,堆集形成可见的磁粉痕迹,从而把缺陷直观地显示出来。

(2)特点

磁粉检测对钢铁材料或工件表面裂纹等缺陷的检验非常有效,设备和操作均较简单,检验速度快,便于在现场对大型设备和工件进行探伤,检验费用也较低。但它仅适用于铁磁性材料,不适用于奥氏体不锈钢材料,也不能检测铜、镁、铝、钛等非磁性材料,对于表面浅的划伤、埋藏较深的孔洞、与工件表面夹角小于20°的分层和折叠难以发现,仅能显出缺陷的长度和形状,而难以确定其深度,对剩磁有影响的一些工件,经磁粉探伤后需要退磁和清洗。

### 5.3.2 检测设备分类及功能特点

磁粉检测设备按设备重量和可移动性分为固定式、移动式和便携式三种;按组合方式分为一体型和分立型两种。

一体型磁粉探伤机,是将磁化电源、螺管线圈、工件夹持装置、磁悬液喷洒装置、照明装置和退磁装置等部分,按功能制成单独分立的装置,在探伤时组合成系统使用的探伤机。固定式探伤机属于一体型的,使用操作方便。移动式和便携式探伤仪属于分立型的,便于移动和在现场组合使用。对 TBM/盾构机设备进行磁粉检测适宜采用移动式或便携式探伤仪。特别是对吊耳焊接、大型部件焊接质量检测有较高的实用性。移动式磁粉探伤机,一般由磁化电源、电缆和小车等部分组成,小车上装有滚轮可以自由移动,便于探测不易搬动的大型工件。便携式探伤仪采用可控硅作无触点开关,噪声小、寿命长、操作简单方便,是一种轻便可以手提的探伤仪,可以用作高空作业及大型工件的探伤。

## 5.4 涡流检测

### 5.4.1 涡流检测工作原理

涡流检测是运用电磁感应原理,将载有正弦波电流激励线圈,接近金属表面时,线圈周围的交变磁场在金属表面感应电流(此电流称为涡流)。也产生一个与原磁场方向相反的相同频率的磁场。又反射到探头线圈,导致检测线圈阻抗的电阻和电感的变化,改变了线圈的电流大小及相位。因此,探头在金属表面移动，遇到缺陷或材质、尺寸等变化时，使得涡流磁场对线圈的反作用不同，引起线圈阻抗变化，通过涡流检测仪器测量出这种变化量就能鉴别金属表面有无缺陷或其他物理性质变化。涡流检测实质上就是检测线圈阻抗发生变化并加以处理，从而对试件的物理性能作出评价。

## 5.4.2 检测设备分类及适用范围

在涡流探伤中，是靠检测线圈来建立交变磁场；把能量传递给被检导体；同时又通过涡流所建立的交变磁场来获得被检测导体中的质量信息。所以说，检测线圈是一种换能器。检测线圈的形状、尺寸和技术参数对于最终检测是至关重要的。在涡流探伤中，往往是根据被检测的形状，尺寸、材质和质量要求（检测标准）等来选定检测线圈的种类。

常用的检测线圈按线圈与试件的相对位置不同分为三类，如图5-1所示。

（1）穿过式线圈

穿过式线圈是将被检测试件放在线圈内进行检测的线圈，适用于管、棒、线材的探伤。由于线圈产生的磁场首先作用在试样外壁，因此检出外壁缺陷的效果较好，内壁缺陷的检测是利用渗透来进行的。一般来说，内壁缺陷检测灵敏度比外壁低。厚壁管材的缺陷是不能使用外穿式线圈来检测来的，如图5-1a）所示。

（2）内插式线圈

内插式线圈是放在管子内部进行检测的线圈，专门用来检查厚壁或钻孔内壁的缺陷，也用来检查成套设备中管子的质量，如热交换器管的在役检验，如图5-1b）所示。

（3）探头式线圈

探头式线圈是放置在试件表面上进行检测的线圈，它不仅适用于形状简单的板材、板坯、方坯、圆坯、棒材及大直径管材的表面扫描探伤，也适用于形状较复杂的机械零件的检查。与穿过式线圈相比，由于探头式线圈的体积小、场作用范围小，所以适于检出尺寸较小的表面缺陷，如图5-1c）所示。

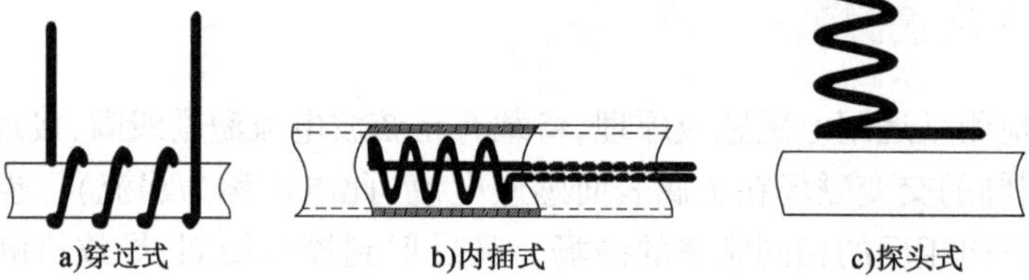


图5-1 常用的检测线圈分类

# 5.5 渗透检测

## 5.5.1 渗透检测工作原理

渗透检测是应用最早的无损检测方法,由于渗透检测简单易操作,其在现代工业的各个领域都有广泛的应用。渗透检测主要的应用是检查金属和非金属工件的表面开口缺陷,例如表面裂纹等。工件表面被施涂含有荧光染料或者着色染料的渗透剂后,在毛细作用下,经过一定时间,渗透剂可以渗入表面开口缺陷中;去除工作表面多余的渗透剂,经过干燥后,再在工件表面施涂吸附介质——显像剂;同样在毛细作用下,显像剂将吸引缺陷中的渗透剂,即渗透剂回渗到显像中;在一定的光源下(黑光或白光),缺陷处的渗透剂痕迹被显示(黄绿色荧光或鲜艳红色),从而探测出缺陷的形貌及分布状态。

## 5.5.2 渗透检测设备与材料

对应用于现场的检测来说,常使用便携式灌装渗透检测剂(包括渗透剂、清洗剂与显像剂),便于现场使用。

1)根据渗透剂所含染料成分分类

根据渗透剂所含染料成分,渗透检测分为荧光渗透检测法(荧光法)、着色渗透检测法(着色法)与荧光着色渗透检测法(荧光着色法)三大类。渗透剂内含有荧光物质,缺陷图像在紫外线能激发荧光的为荧光法。渗透剂内含有有色染料,缺陷图像在白光或日光下显色的为着色法。荧光着色法则兼备上述两种方法的特点,缺陷图像在白光或日光下能显色,在紫外线下又能激发出荧光。

2)根据渗透剂去除方法分类

根据渗透剂去除方法,渗透检测分为水洗型、后乳化型与溶剂去除型三大类。水洗型渗透法就是渗透剂内含有一定量的乳化剂,工件表面多余的渗透剂可以直接用水洗掉。有的渗透剂虽不含乳化剂,但溶剂就是水,即水基渗透剂,工件表面多余的渗透剂也可直接用水洗掉,它也属于水洗型渗透法。后乳化型渗透法的渗透剂不能直接用水清洗掉,必须经乳化工序。溶剂去除型渗透法就是用有机溶剂去除工件表面多余的渗透剂。

3）根据显像剂类型分类

根据显像剂类型，渗透检测分为干式显像法、湿式显像法两大类。干式显像法就是以白色微细粉末作为显像剂，施涂在清洗并干燥后的工件表面上。湿式显像法就是将显像粉末悬浮于水中（水悬浮显像剂）或溶剂中（溶剂悬浮显像剂），也可将现象粉溶解于水中（水溶性显像剂）。此外，还有塑料薄膜显像法；也有不使用显像剂的方法。

### 5.5.3 渗透检测的一般步骤

（1）清洗。被检物表面处理，对表面处理的基本要求是，任何可能影响渗透检测的污染物必须清除干净，同时，又不能损伤被检工件的工作功能。准备范围应从检测部位四周向外扩展 25mm 以上。污染物的清除方法有机械清理、化学清洗与溶剂清洗，在选用时应进行综合考虑。特别注意涂层必须用化学方法进行去除而不能用打磨方法。

（2）施加渗透液。常采取喷涂、刷涂、浇涂与浸涂的方法。其中，渗透时间是一个重要因素，一般来说，施加渗透剂时间不少于 10min，对于应力腐蚀裂纹因其特别细微，渗透时间需更长，或可达 2h。渗透温度一般控制在 10 ~ 50℃ 范围内。温度太高，渗透剂容易干在被检工件上，给清洗带来困难；温度太低，渗透剂变稠，动态渗透参量受到影响。当被检工件的温度不在推荐范围内时，可进行性能对比试验，以此来验证检测结果的可靠性。在整个渗透时间内应让被检表面处于润湿状态。

（3）去除渗透剂。在去除渗透剂时，既要防止清洗过度，又要防止清洗不足。清洗过度可能导致缺陷显示不出来或漏检；清洗不足会使得背景过浓，不利于观察。水洗型渗透剂的去除，一般选择水温为 10 ~ 40℃，水压不超过0.34MPa，水管压力以 0.21MPa 为宜。后乳化型渗透剂的去除，乳化工序是关键，必须严格控制乳化时间防止乳化过度，合适背景下，乳化时间越短越好。溶剂去除型渗透剂的去除，应注意不得往复擦拭，不得用清洗剂直接冲洗被检表面。

（4）施加显像剂。显像剂的施加方式有喷涂、刷涂、浇涂与浸涂等，喷涂时距离被检表面为 300 ~ 400mm，喷涂方向与被检面的夹角为 30° ~ 40°，刷涂时单个部位不允许往复刷涂。

（5）显像。显像的过程是用显像剂将缺陷处的渗透液吸附至零件表面，产生清晰可见的缺陷图像。观察显示应在显像剂施加后 7 ~ 60min 内进行。观察时光源应满足要求，一般白光照度应大于 1000 lx（勒克斯），无法满足时，不得低于 500 lx，荧光检测时，暗室的白光照度不应大于 20lx，距离黑光灯 380mm 处，被检表面辐照度不低于1000μW/cm²。

(6)检验。按照标准要求进行缺陷判定。

# 5.6　目视检测

目视检测主要指工业内窥镜检测，是近年来随着内窥镜生产制造技术的发展而逐渐得到广泛应用的一项检测技术。需使用工业内窥镜作为检测工具，工业内窥镜是为了满足工业复杂使用环境要求而专业设计生产。

## 5.6.1　工业内窥镜检测原理

1)分类

工业内窥镜是集光、机、电为一体的NDT仪器，根据制造工艺特点，一般将其分为三类系列产品。第一类为硬性内窥镜系列，第二类为纤维内窥镜系列，第三类为电子视频内窥镜系列。

2)工业内窥镜的构造

工业内窥镜的构造如图5-2所示。

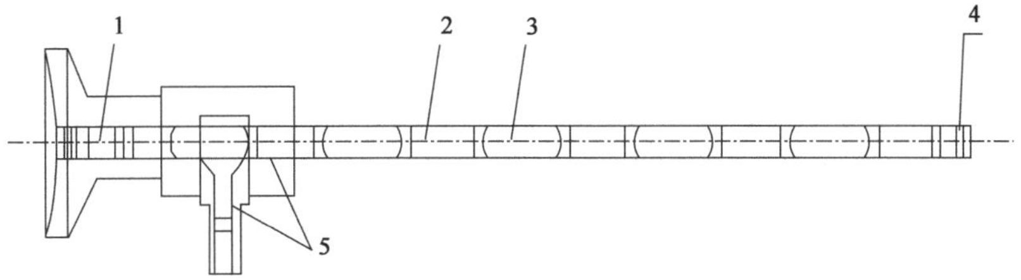


图5-2　工业内窥镜构造示意图

1-目镜；2-间隔管；3-棒状镜；4-物镜；5-照明光纤

3)工作原理

利用转像透镜光学技术来传送影像，并由光导纤维提供传光照明。为了传送清晰图像，内窥镜的有效不锈钢插入部分设计有若干个光学元件的转像透镜系统。内置光纤把需照相光线从独立的冷光源直接传送至工作位置上。通过物镜成像传至电荷耦合器件(CCD)靶面上，然后CCD再把光像转变成电子信号，把数据转送至视频内窥镜控制组，再由该控制组把影像输出至监视器或计算机上。

## 5.6.2 主轴承内窥镜检测方法

以TBM为例，其主轴承作为设备的核心部件，设置有多个内窥镜观察孔。主轴承内窥镜检测主要指工业内窥镜检测法观测TBM主轴承内部情况。将TBM主轴承壳体的观测孔打开，利用工业内窥镜观测主轴承滚子、滚道、保持架的磨损腐蚀情况，如图5-3所示。

图5-3 主轴承内窥镜检测

# 第6章　TBM/盾构机状态监测应用

状态监测是对机械设备状态参数进行监测的过程,其目标是基于各种检测、测量、监视、分析和判别方法,结合设备的历史和现状,考虑环境因素,对设备运行状态做出评估,判断设备是处于稳定状态还是正在恶化,重点是识别出预示故障发展的差异。主要方式体现为对状态是否异常进行显示和记录,并对异常状态作出报警,以便运行人员及时加以处理,并为设备的故障分析、性能评估及后续的安全与合理使用提供支撑。状态监测主要意义在于提高机械设备运行过程的可靠性、安全性,提高产品质量,减少维护维修费用。独特的优势在于:可以及时发现通常会缩短设备正常寿命的异常状态,使之在发展成重大故障前予以处理。

通常设备的状态可分为正常状态、异常状态和故障状态几种情况。正常状态是指设备的整体或其局部没有缺陷,或虽有缺陷但其性能仍在允许的限度以内。异常状态是指缺陷已有一定程度的扩展,使设备状态信号发生了变化,此时设备仍可维持工作,但性能已劣化,应密切关注其发展趋势,即设备应在监护下运行。故障状态则是指设备性能指标已有大幅度下降,设备不能维持正常运转。进一步地,设备的故障状态可按严重程度等予以区分,包括故障已萌生并有进一步发展趋势的早期故障;程度尚不很重,设备仍可勉强“带病”运行的一般功能性故障;已发展到设备不能运行,必须停机的严重故障;已导致灾难性事故的破坏性故障;由于某种原因瞬间发生的突发性紧急故障等。对应不同的故障,应有相应的报警信号,一般可采用颜色指示法,比如绿色表示正常,黄色表示预警,红色表示报警。对设备状态演变的过程应全程记录,包括对灾难性破坏事故的状态信号存储、记忆,以便于对事故发生原因进行分析。

## 6.1 状态监测方式

TBM/盾构机根据设备重要性、特征、监测目的、运行环境的不同，其监测方式主要分为三种：自身的机载监测系统监测、离线检测和在线监测。

(1)机载监测系统监测

作为先进的大型隧道施工设备，TBM/盾构机一般都配置有机载监测系统。该监测系统利用各种传感器，对设备重要的状态参数，如刀盘推力、扭矩、转速，主驱动电机电压、电流、温度、频率，变压器电流、电压，推进缸位移、压力，各润滑系统油位、压力、流量，各液压系统压力、温度、流量等实时监测，并集中传送至工控机，主要传感器类型及功能见表6-1。部分单项设备，比如钻机、喷射混凝土系统、连续皮带输送机运输、变频器、空压机、风机等的状态参数可在相应的配电柜区域显示。

**TBM/盾构机主要传感器类型及功能** 表6-1

| 序号 | 传感器 | 主要功能 |
| --- | --- | --- |
| 1 | 温度传感器 | 监控油液、水、电机、风机、变频器等的温度 |
| 2 | 位移传感器 | 又称为线性传感器，监控油缸、护盾等伸出长度 |
| 3 | 流量传感器 | 监控油液、水、速凝剂等液体的流量 |
| 4 | 速度传感器 | 监控刀盘转速、皮带运转速度等 |
| 5 | 压力传感器 | 监控泵、油缸、水、皮带张紧机构等的压力 |
| 6 | 液面传感器 | 监控油箱、水箱等液面 |
| 7 | 限位传感器 | 监控相应移动设备的行程，保证行走小车、齿轮等处于安全范围 |

对于TBM、盾构机等大型设备，其机载监测系统具有突出的优点。其优点在于：可提供重点和关键部位的实时监测，并以数字等方式显示相应运转参数，集中反馈至操作室或相应的设备监视屏幕等，利于维护人员查阅，及时、直观地反映设备状态；同时，基于监测系统，可实现异常参数实时报警，以及自动断电、联动设备的互锁等自我保护功能。其缺点在于：由于TBM与盾构机等设备结构和系统非常庞大、复杂，机载监测系统尚不能覆盖所有部位；同时，监测的参数只能反映设备异常状态，不能反映异常原因；其应用对于设备操作人员的能力也有相当要求，需主司机及单项设备操作手具备一定的技术能力及丰富的工作经验，熟知设备的各项参数。

(2)离线检测

离线检测也称精密检测,与在线监测对应,通过各类检测仪器,对设备状况进行必要的人工抽查检测或定期检测。TBM与盾构机离线检测的检测项目主要有油样检测、振动检测、温度检测、无损探伤等。离线检测具有精度高、检测主观性强等优点,可针对异常状态变更检测项目及检测频率,从而更具针对性,通过对检测结果进行判断分析,可获取设备劣化趋势及故障原因。不足之处在于:离线检测的周期难以确定,受设备运行环境等影响,部分检测项目执行标准不明确,此外,各检测项目一般对检测技术有较高的要求。

(3)在线监测

对TBM盾构机设备的在线监测,是区别于其机载监测系统监测之外的一种不间断监测方式,其目的在于运用新技术和信息化手段,提高监测的时效性。应用于TBM/盾构机设备的在线监测项目主要体现于振动、油液、温度等方面。受较高的成本、监测设备的高等级防护要求,以及当前各类设备、传感器、监测仪表的差异化,系统多样性、数据类型不统一等限制,在线监测目前应用并不广泛。其大体量、较高难度的数据的处理分析,亦对人员的技术素质提出了更高的要求。但相较于传统的监测手段,在线监测对TBM/盾构机的施工干扰小,可不间断进行,对异常状态的敏感度高,捕获全面,能及时反映异常状况及劣化趋势。

## 6.2 TBM/盾构机系统及关键设备

### 6.2.1 TBM/盾构机系统组成

无论TBM还是盾构机,其结构都非常庞大,系统复杂且各系统之间相互交融、相互约束,从结构形式及功能需求出发,其系统组成各有不同,设备配置也不尽相同。针对TBM/盾构机的系统组成划分方式较多,主要有以下几种:

(1)按主机及后配套划分

主梁式的TBM/盾构机,较为通用的划分方式,就是将其分为主机和后配套两部分。其中主机部分是开挖、推进和支护装置的总称,位于TBM/盾构机前部,主要由刀盘刀具、护盾、主轴承、主驱动、主梁、推进系统、支撑系统、主机皮带、管片安装机、钻机及拱架安装器等部分组成。

后配套部分是位于连接桥及其后方的设备和结构的总称,包括连接桥后配套拖车及辅助设备,为主机提供工作支持条件,主要由后配套台车、空压机、后配套皮带输送机、通风除尘系统、润滑系统、导向系统、供水排水系统、冷却系统、风水电与通信保障系统、铺轨区域等部分组成。

(2)按机、电、液维护专业划分

以专业为基础,根据日常维护需要,TBM/盾构机也可按维保项目进行划分,主要分为:常规项目、机械系统、电气系统、液压系统。

机械系统主要指结构件、连接件、紧固件、齿轮、风水电卷筒、联轴器、旋转部件、蓄能器、垫圈、密封件等。

电气系统主要指电气柜、配电箱、变频器控制柜、电机、TBM/盾构机急停装置、皮带急停装置、电缆、电池、传感器、照明装置等。

液压系统主要指液压泵、液压马达、油缸、阀组、油箱、油品滤芯、液压管路、液压仪表等。

除此之外,其余则可大致归类于仅需开展常规检测及维护的部位,主要包括需定期清洁的各工作区域,需常态化外观检查(如表面是否有裂纹、螺栓是否松动、传感器有无松动或断线、液压系统是否存在泄露、接头是否松动等)的部件,以及仅需定期功能检查的单项设备(如管片安装器旋转及夹紧装置是否正常等)。

(3)按隧道施工核心功能划分

TBM/盾构机作为大型隧道施工装备,其基本功能是以隧道施工为核心,主要包括破岩、出渣、支护三大功能。

破岩功能按岩层特性不同可分为软岩破岩和硬岩破岩。硬岩破岩主要是由推进系统向前推进,将刀具压入岩面,同时在主驱动的作用下刀具沿同心圆轨迹滚动,当其对岩石的挤压超过岩石的抗压强度时,形成切削沟槽,刀刃继续挤压,岩石产生龟裂,向周围扩散脱落,通过刮刀刮除,进入刀盘仓体,如图 6-1、图 6-2 所示。软岩破岩主要是由刀具直接对土层进行剪切破坏来进行切削。

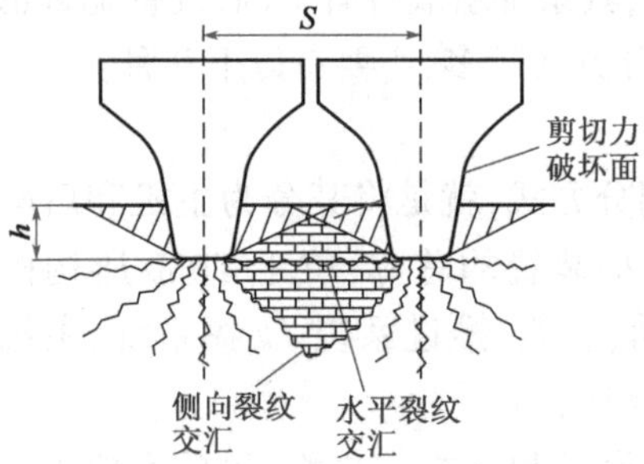


图 6-1　硬岩破岩机理图

图 6-2　硬岩破岩轨迹图

执行破岩功能的系统主要有：刀盘刀具、推进系统、主驱动系统、主轴承、护盾等。

出渣功能是指TBM/盾构机破岩后将渣土从刀盘输送至洞外，主要由皮带输送机系统完成。主要组成部分有：主机皮带输送机、后配套皮带输送机、连续皮带输送机、电机、马达、变速箱、张紧机构、变频器、皮带急停、配电柜等。

支护功能主要分为两种：一种是敞开式TBM施工的初期支护，另一种是护盾式TBM或盾构机施工的管片支护。初期支护的主要设备/系统有：锚杆钻机、喷锚系统、钢拱架安装器、仰拱吊机；管片支护的主要设备/系统有：管片拼装器、管片吊机、喂片机、豆砾石泵、注浆系统等。

(4)按独立功能划分

服务于TBM/盾构机状态监测需要，还可按独立功能进行划分，主要分为主驱动系统、支撑推进系统、支护系统、出渣系统、通风除尘系统、其他辅助系统六个部分。

主驱动系统主要组成有：主轴承、主驱动电机、变速箱、驱动马达、变频器、主驱动密封、润滑油泵、润滑脂泵等。

支撑推进系统主要组成有：电机、泵、阀站、油缸、撑靴等。

支护系统主要组成有：钢拱架安装器、锚杆钻机、喷射混凝土系统、管片吊机、管片拼装机、豆砾石泵、空压机、注浆泵、电机、液压泵、速凝剂泵、阀站等。

出渣系统主要组成有：驱动电机、变速箱、驱动马达、变频器、张紧油缸、急停装置等。

通风除尘系统主要组成有：新鲜风机、风筒吊机、除尘风机、除尘器等。

其他辅助系统主要组成有：水泵（给水、排水、循环水）、风水电卷筒、轨道铺设装置、通信装置、导向系统等。

### 6.2.2　TBM/盾构机关键设备

TBM/盾构机设备众多，可按其重要程度分为关键设备和一般设备。关键设备价格昂贵，成本高，对施工影响重大，是状态监测的重点对象。以下结合状态监测所集中的主轴承、电机、变速箱、液压马达和风机做简要介绍。

(1)主轴承

主轴承是主驱动系统的关键结构件，承担支撑和传递载荷的作用，多采用适合低速重载环境下的回转支承，且根据具体的工程环境，TBM/盾构机主轴承以多排多列的圆柱滚子组合形式轴承为主，其中常见的有三种结构形式，即单列圆柱滚子轴承、双列圆锥滚子轴承、和三列（轴向—径向—轴向）圆柱滚子轴承。主轴承主要作用有：

①承受刀盘推进时的巨大推力和倾覆力矩,传递给刀盘。

②承受刀盘回转时的巨大回转力矩,传递给刀盘。

③连接回转的刀盘和固定的刀盘支撑,实现转与不转的交接。

(2)电机

电机是将电能转化为机械能,主要作用是产生驱动转矩,为TBM/盾构机的主驱动、泵站、风机等提供动力。

(3)变速箱

变速箱的主要目的是降低转速,增加转矩。在原动机和工作机(或执行机构)之间起匹配转速、传递转矩的作用,TBM/盾构机上通常用于连接主驱动电机和主轴承间、皮带驱动电机及滚筒间。变速箱主要由传动零件(齿轮或蜗杆)、轴、轴承、箱体及其附件所组成。

(4)液压马达

液压马达是液压系统的一种执行元件,它将液压泵提供的油液压力能转变为其输出轴的机械能(转矩和转速),液压油是传递力和运动的介质。TBM/盾构机上常用于主驱动脱困、皮带驱动等,相比于电机其优点是驱动扭矩大、工作性能稳定,而且可以无级变速,缺点是效率较低。

(5)风机

风机是TBM/盾构机不可或缺的关键设备之一,主要作用是供给洞内足够的新鲜空气,清除有害污染气体,降低粉尘浓度,降低洞内温度,以改善劳动条件,确保施工人员健康。

(6)泵

泵是输送流体或使流体增压的机械。在TBM/盾构机中,泵主要用来输送水、液压油、润滑油、油脂、速凝剂、水泥、喷锚料等物体。

## 6.3 状态监测规划

施工期间,需要对TBM/盾构机的关键系统、部件进行全生命周期监测,以便及时了解设备运行状态。针对各关键设备的特点,选择合适的监测方式,并制订状态监测规划,是规范化实施TBM/盾构机状态监测的基础与关键。

### 6.3.1 检测周期

实施状态监测能够较全面、准确地掌握设备状态,发现可能存在的隐患,及时调整维保计划和内容，避免或缓和设备状态的进一步恶化。状态监测是一项科学性、体系性的工作，尤其针对TBM/盾构机等系统组成复杂的设备，需建立设备状态监测体系，制订监测计划，实现状态监测常态化。

对于TBM/盾构机关键设备的检测周期，常规的是按时间轴开展的定期检测，上述时间又可分日历天数和设备运转时间两种方式，前者较为笼统，后者能较准确地体现设备的运行积累。定期检测存在一定局限性，只能反映出检测时的设备运行状态并依此分析设备状况发展趋势，对于突发性的故障无法及时捕捉。而跨越固定周期的在线连续监测技术，代表着设备状态监测和故障分析的技术发展趋势，能实时监控设备的运行状态，对突发性故障和状态发展趋势都能很好地进行监测，但相对成本投入较高，需要多种检测手段配套使用，大量的检测数据需要计算机平台进行处理。基于长期的积累，提出TBM与盾构机主要设备检测周期表（推荐），见表6-2。

**TBM/盾构机主要设备检测周期表**（单位：d）（推荐）　　表6-2

| 检测项目 | | 油样检测 | | | 听诊 | 温度 | 振动 | 运转参数（电流/压力/转速/转矩等） |
|---|---|---|---|---|---|---|---|---|
| | | 水分黏度污染度 | 铁谱分析 | 光谱分析 | | | | |
| 主驱动系统 | 主轴承 | 15 | 30 | 30 | | | | |
| | 电机 | | | | 1 | 1 | 1 | 1 |
| | 变速箱 | 15 | 30 | 30 | 1 | 1 | 1 | |
| | 液压马达 | | | | 3 | | 7 | 3 |
| 泵站 | 电机 | | | | 3 | 3 | 3 | 3 |
| | 泵 | 15 | 60 | 60 | 3 | 3 | 7 | 7 |
| 皮带系统 | 电机 | | | | 7 | 7 | 7 | 7 |
| | 变速箱 | 30 | 60 | 60 | 7 | 7 | 7 | 14 |
| | 液压马达 | 30 | 60 | 60 | 7 | 7 | 7 | 7 |
| 支护系统（喷锚、钻机、钢拱架安装器、仰拱吊机、管片安装机、注浆系统、豆砾石系统） | 混凝土输送泵 | 15 | 60 | 60 | 3 | 3 | 3 | 3 |
| | 电机 | | | | 7 | 7 | 7 | 7 |
| | 液压/电动马达 | | | | 7 | | 7 | 7 |
| | 变速箱 | 30 | 60 | 60 | 7 | 7 | 7 | 14 |
| 水泵电机 | | | | | 3 | 3 | 3 | 7 |
| 空压机 | | | | | 3 | 3 | | 7 |
| 风机 | | | | | 3 | 3 | 3 | 3 |

注：若关键设备出现异常情况，应根据情况将检测周期缩短。不同机型，检测项目随机调整。

### 6.3.2 检测标准

检测对象及检测项目不同,其对应的检测标准也不相同。目前 TBM/盾构机领域仅油液和振动检测部分有对应标准。

(1)油液检测标准

针对 TBM/盾构机,油液检测对象一般指设备所用的液压油及润滑油,推荐标准见表 6-3。

油液检测标准(推荐) 表 6-3

| 检测项目 | 检测油样 | 参考标准 | 备注 |
|---|---|---|---|
| 光谱 | 润滑油 | ASTM D6595—2017、ASTM E2412—2010 | 检测各元素的比例值,结合油样及添加剂元素的比例,分析超标元素来源,确定磨损部位及磨损程度 |
| 铁谱 | 润滑油 | SH/T 0573—1993 | 粒径大于 15μm 的颗粒显著增加时,可初步判断为不正常;大磨粒读数 $A_L$、小磨粒读数 $A_S$ 可用趋势分析建立标准。借助显微镜观察谱片,分析油样铁磁性颗粒的大小、形状、密度,判断油样是否合格 |
| 污染度分析 | 润滑油、液压油 | NAS1638、ISO4406 | 合格标准:9 级及以下(NAS1638) |
| 运动黏度分析 | 润滑油、液压油 | ATSM445、GB265—1988 | 合格标准:起始值的 ±10%(黏度测定分 40℃和 100℃基础油,一般采用 40℃基础油) |
| 水分 | 润滑油、液压油 | SH/T 0255—1992、GB/T 11133—2015 | 合格标准:<0.1%(1000mg/kg) |
| 温度 | 润滑油、液压油 | ≤60℃ | 油液温度原则上不应大于 60℃ |
| 目测 | 润滑油、液压油 | | 有一定透明度无明显杂质无明显乳化现象 |

(2)振动检测标准

目前在 TBM/盾构机维护中,振动检测一般多见于泵和电机,少量也会拓展至机械构件。振动检测过程中,首选需确定设备(泵、电机等旋转设备)类别。

根据《泵的振动测量与评价方法》(GB/T 29531—2013)、《往复泵机械振动测试方法》(GB/T 13364—2008)、《机械振动 在非旋转部件上测量评价机器的振动》(GB/T 6075—2011),按泵的中心高和转速把泵分四类,见表6-4。其中卧式泵中心高规定为由泵的轴线到泵的底座上平面间的距离,立式泵的出口法兰密封面到泵轴线间的投影距离规定为它的中心高。

泵分类表　　表6-4

| 中心高(mm) | | ≤225 | >225~550 | >550 |
|---|---|---|---|---|
| 转速(r/min) | 第一类 | ≤1800 | ≤1000 | — |
| | 第二类 | >1800~4500 | >1000~1800 | >600~1500 |
| | 第三类 | >4500~12000 | >1800~4500 | >1500~3600 |
| | 第四类 | — | >4500~12000 | >3600~12000 |

电机分类见表6-5。

电机分类表　　表6-5

| 类　别 | 说　明 |
|---|---|
| 第一类 | 15kW |
| 第二类 | 15~75kW |
| 第三类 | 装于硬基础上的大型设备 |
| 第四类 | 转速高于自然频率的高速设备 |

完成设备振动检测及数据采集后,对照振动标准(表3-5),即可判定设备的运行状态。

## 6.4 状态监测与故障诊断

故障诊断的任务是根据状态监测所获得的数据与信息,综合评判设备的健康状况,主要分为几个阶段:①检测是否有故障;②分析故障的严重性;③查找故障原因并指导维修;④维修后的检验。状态监测及故障诊断流程如图6-3所示。

对于TBM/盾构机而言,当前状态监测技术更多地集中在主轴承、电机、变速箱与泵四大部件组成上,主要的故障爆发点和影响也集中在以上几大部件组成上。

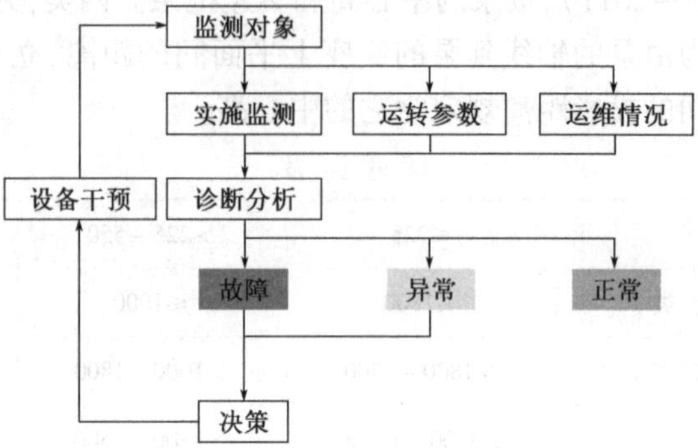


图 6-3 状态监测及故障诊断流程图

### 6.4.1 主轴承

1)主要故障特点

TBM/盾构机常见的主轴承异常形式可分为磨损、腐蚀、疲劳剥落、塑性变形(压痕)、断裂和胶合六种,按振动信号的特征不同则故障可分为磨损和表面损伤两大类。

(1)磨损类故障

①磨损。滚道和滚珠之间的相对运动,以及杂质或异物的侵入都会引起表面磨损,润滑不良则将加剧磨损,致使轴承游隙增大;而这种表面粗糙会直接带来机械运行精度的降低。进一步地,滚道、保持架、滚动体或安装轴承的轴颈等磨损产物也有可能扩大磨损的恶性循环,增大设备的振动和噪声。

②腐蚀。主要包括液体或空气中水分引起的表面锈蚀,轴承内部有较大电流通过时造成的电腐蚀,以及轴承套圈在座孔中或轴颈上的微小相对运动造成的微振腐蚀。当锈蚀生成物与润滑剂、污染物等混合在一起时,会形成磨粒磨损,加速轴承损坏。

正常使用情况下,轴承工作表面磨损是一种渐变性故障,产生故障的时间较长。轴承表面磨损后产生的振动,其性质与正常状态下的轴承振动是相同的,两者的波形都是无规则的,随机性较强,但磨损后的振动水平(幅值)明显高于正常轴承。所以诊断这类故障找不到一种很好的信号处理方法,通常的做法是检测振动的有效值和峰值,当检测值明显高于正常轴承时即判明有该类故障。

(2)表面损伤类故障

①胶合。在润滑不良和高速重载下,由于摩擦发热,轴承零件可以在极短的时间内达到很高的温度,导致表面烧伤,或某处表面上的金属黏附到另一表面上。一旦出现烧损征兆,轴承会在很短的时间内失效,不能旋转,通常情况下难以预知或通过定期检查发现。烧损过程中会伴随有冲击振动,但找不出其发生的周期,轴承的振动急速增大。

②疲劳剥落。主轴承中,滚道和滚动体表面既承受载荷,又发生相对滚动。由于交变载荷的作用,故障发生的规律一般是:首先在表面一定深处形成裂纹,继而扩展到使表层形成剥落坑,最后发展到大片剥落。

③塑性变形(压痕)。轴承受过大的冲击载荷、静载荷作用,或者因硬质异物落入,会在滚道表面上形成压痕或划痕,而且一旦有了压痕,这种压痕引起的冲击载荷会进一步使邻近表面剥落。载荷的累积作用或短时超载均会引起轴承的塑性变形。

④断裂(裂纹)。轴承零件的破裂或断纹主要是由磨损、热处理不当、运行载荷过大、转速过高、润滑不良、装配不善而产生过大的热应力或疲劳引起的。

2)检测诊断内容

TBM与盾构机的主轴承一般为低速、重载运转,其驱动组件内包含了内外滚道、青铜保持架、径向及轴向推力滚子、大齿圈与小齿轮轴等部件,通过内外密封严密包裹,有效防止润滑油及冲刷用液压油的外泄。其主轴承故障具备一般滚动轴承的损伤特征,但由于洞内不便拆卸,所以不能直接观察损伤情况。润滑油、脂的运行状况(流量不足、压力异常、油温升高)可通过机载在线监测和数据采集系统间接获得,能一定程度反映主轴承的运行情况;而润滑油黏度下降、油膜承载能力降低、运动摩擦副磨损加剧(振动加剧)、掌子面岩渣穿透唇形密封进入轴承润滑系统或液压系统,这些外来和自身的磨损产物及油品内在质量优劣的判断,可通过油样分析、振动分析、镜检观察、轴向间隙测量等手段实现。TBM/盾构机主轴承检测项目、手段及部位见表6-6。

主轴承检测表 表6-6

| 检测项目 | 检测手段 | 检测时机 | 检测标准 | 检测部位 | 检测周期 |
|---|---|---|---|---|---|
| 润滑状况 | 观察 | 实时 | 故障提示 | 主控室 | 每班 |
| 润滑油油位 | 目测 | 停机 | 指定油位 | 油位管 | 每班 |
| 润滑油油色 | 目测 | 停机 | 透明 | 视窗 | 每日 |

续上表

| 检测项目 | 检测手段 | 检测时机 | 检测标准 | 检测部位 | 检测周期 |
|---|---|---|---|---|---|
| 润滑油温度 | 仪表 | 掘进期间 | <60℃或厂家规定 | 主控室 | 每班 |
| 润滑油压力 | 仪表 | 掘进期间 | 0.3～0.4MPa | 主控室 | 每周 |
| 润滑油滤清器 | 拆检 | 随时 | 堵塞、杂物 | 滤网 | 每季 |
| 润滑油水冷系统 | 拆检 | 停机 | 水锈、堵塞 | 冷却器 | 每季 |
| 润滑油含水量 | 水分析仪 | 热机取样 | <0.1%(1000mg/kg) | 润滑油 | 每月 |
| 运动黏度 | 黏度分析仪 | 热机取样 | ±10% | 润滑油 | 每月 |
| 污染度 | 污染度分析仪 | 热机取样 | ≤NAS 9 | 润滑油 | 每月 |
| 光谱 | 光谱分析仪 | 热机取样 | 趋势分析 | 润滑油 | 每月 |
| 铁谱 | 铁谱分析仪 | 热机取样 | 人为判读 | 润滑油 | 每月 |
| 密封油位 | 目测 | 停机 | 指定油位 | 油位视窗 | 每日 |
| 内/外密封油脂状况 | 目测 | 停机 | 明显有油脂挤出 | 到盘内 | 每周 |
| 润滑脂泵压力 | 观察 | 掘进期间 | 设定压力 | 压力表 | 每班 |
| 润滑脂泵脉冲次数 | 观察 | 掘进期间 | 设定次数 | 压力表 | 每班 |
| 镜检 | 内窥镜 | 停机 | 趋势观察 | 监视孔 | 每季 |
| 异响 | 机械故障听诊仪 | 运转期间 | 人为判读 | 异响部位 | 视情况 |
| 振动 | 测振仪 | 掘进期间 | 趋势分析 | 水平、垂直、轴向 | 每日 |
| 轴向间隙 | 百分表 | 停机 | <1.7mm或厂家规定 | 到盘内 | 半年 |

3)检测诊断方案

根据TBM/盾构机主轴承的安装特点及检测要求,结合施工现场实际条件,推荐以下检测诊断方案。

(1)油液污染状况检测

一般的,采用电子检测滤清器堵塞程度,可粗略评判油液的污染程度;定期进行油品污染度、杂质、水分析,可较为准确地评估油质的污染状况。

污染物的侵入检查是一个复杂的过程,需要熟知系统工作原理并要检查人员有丰富的工作经验。针对常见的主轴承润滑油含水率超标问题,水污染路径检查项目如下:

①热交换冷却器泄漏检查。

进行耐压试验,检查热交换器是否正常。

②油箱渗漏检查。

掘进过程中,查询油箱是否被水浸没或滴水侵入。清理、检查、监测盖板及油泵吸油管接头有无油迹,判断油箱是否存在渗漏。

③泵检查。

重点检查油泵吸油管处、驱动马达联轴器处,是否存在松动或空隙,有无油迹。

④呼吸器检查。

检查呼吸器部位,是否存在水侵入的途径及现象。

⑤密封检查。

检查密封冲刷系统油液油位和油液理化指标、系统工作状况。查询是否存在侵入水问题和密封泄露问题。

⑥传动轴鼓形联轴器检查。

打开传动轴前端轴套,查看内部是否有积水及锈蚀现象。需要注意的是,绝大部分轴套进水现象是因现场设备冲洗所产生,在制订设备维保方案时,应严禁在主轴承处进行任何冲洗作业。

(2)轴承磨损状况检测

可采用油液清洁度和油品理化指标的现场分析,实施初级磨损检测。

用磁性过滤器收集磨粒(图6-4、图6-5),通过肉眼或体视显微镜对磨粒进行观察、分析,可了解主轴承的磨损状况。通过光谱分析和铁谱分析对主轴承润滑油进行磨损检测,则可相对较为准确地分析主轴承的磨损部位及磨损情况。如果油液中Fe、Cr磨粒增大,数量增多、形貌异常,则可推断主轴承滚子磨损;如果油液中Si含量增多,则可判断主轴承密封损坏,粉尘由密封处进入,从而导致主轴承加速磨损。

图6-4 磁化滤芯磨粒

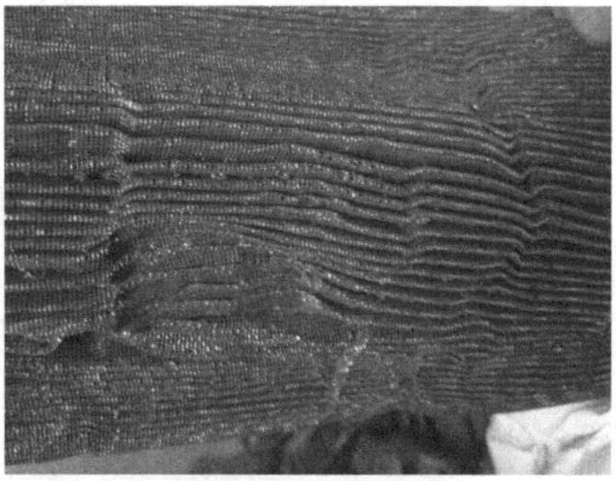

图6-5 磁化滤芯滤网

(3)轴承轴向间隙检测

定期(通常三个月或半年)检测轴承的轴向间隙,判定轴承实际磨损程度。一般 TBM 主轴承的轴向间隙报废极限值为 1mm。

①测点布置:在刀盘内主轴承内密封之间,将百分表磁座固定在内密封不旋转表面圆环上,百分表顶在相对旋转内密封圆环表面上,在圆环上均布 8 个测点。

②测试方法:将刀盘推进至掌子面并施加 100bar(1bar = 0.1MPa)预紧压力,将百分表位置固定好,然后将百分表指针刻度调零,刀盘卸压,此时表针摆动范围即为主轴承推力滚子的轴向间隙。

(4)内窥镜检测

用工业内窥镜,定期观测轴承端面和母线方向各元件的磨损情况。采用工业内窥镜通过 TBM 主轴承观察口可对主轴承滚子、滚道以及保持架磨损情况进行观察。

(5)内置传感器监测

通过内置的电涡流传感器和地面监测站,可定期监测轴承滚子、滚道的损伤。目前,部分制造商取消了该检测设置,而改用噪声检测方法。

(6)振动监测

在主轴承的适当部位安装振动传感器,采集振动信号并及时分析,通过时域分析和频域分析获取量纲指标(峰值、方根、均方差、平均值、有效值),与原始数据对比或进行趋势分析,借此分析内外滚道和滚子的损坏情况,判断主轴承元件的状态。

主轴承振动监测,一般选择在轴承室外壳安装传感器,测点选定后不可随意变换。振动监测流程如图 6-6 所示。

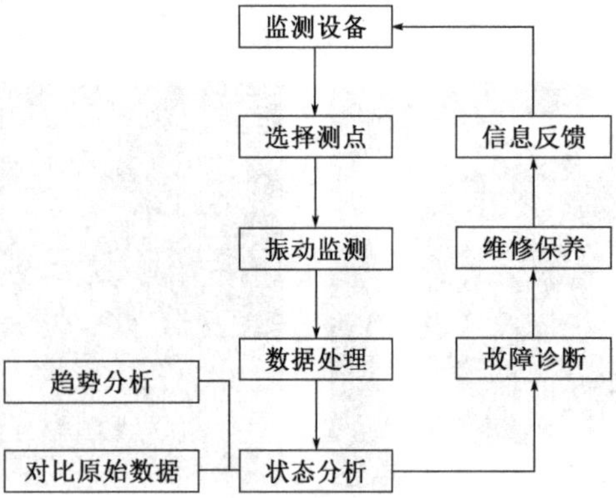


图 6-6　振动监测流程图

## 6.4.2 电机

1)主要故障

电机故障大致可分为电气故障和机械故障两大类。有些故障可通过观其表象较容易地确定原因,例如某些异常的噪声;有些则需要利用仪器设备,并结合使用者的经验综合判定,必要时还需对故障电机进行“解剖”。

电机的故障主要为机械振动引起的螺栓松动、轴承故障及共振、转子偏心扫膛、电机后端盖偏磨、冷却不良造成电机温度过高等。常见故障形式及其成因如下:

(1)通电后不启动或缓慢转动并发出“嗡嗡”的异常声响。

①电压过低。可能因供电电源电压过低引起,也可能是电源线电阻过大,压降过多,使电机所得到的电压偏低;或接线错误,本应接成三角形的三相绕组接成了星形等。对使用减压起动的,也可能是减压数值超过了所需起动转矩的电压数值。

②配电设备中有一相电路未接通或接触不实。问题一般发生在熔断器、开关触点或导线接点处。例如熔断器熔断、接触器或断路器三相触点接触压力不均衡、导线连接点松动或氧化等。此时电流将严重不平衡。

③电机内有一相电路未接通。问题一般发生在接线部位。如连接片未压紧(螺钉松动)、引出线与接线柱之间垫有绝缘套管等绝缘材料、电动机内部接线漏接或接点松动、一相绕组有断路故障等。此时电流将严重不平衡。

④绕组内有严重的匝间、相间短路或对地短路。此时电流将不平衡。

⑤转子有严重的“细条”或“断条”故障。对于绕线转子,有短路、断路等故障。

⑥定子、转子严重互相摩擦(俗称“扫膛”)。

⑦启动时所带负载过重(负载本身或传动机构等原因)。

(2)启动时,断路器很快跳闸或熔断器熔断。

多数情况下是负载的原因,例如负载过重,包括意外的机械阻力,如传动机构中进入异物,或调整不当,如鼓风机的风门开启过大等。排除负载因素后,则可能是如下原因导致。

①上述(1)中的②③④⑥等因素。

②电源电压过高,造成起动电流较大,需调低电压。

③断路器瞬时过电流保护设定得较小,需重新调整。

④对于使用计算机采样(电流)的,采样时刻距通电时刻的时间较短。

⑤使用热敏开关作热保护元件的，将本应“常闭状态”为正常温度，错认为“常开状态”为正常温度，或热敏开关本身损坏(原本就断路或电路发生断路)。使用其他热保护元件的，元件本身损坏或电路发生短路或断路故障。这些问题在自动控制系统中比较容易发生。

(3)三相电流不平衡度较大。

三相电流不平衡度较大，参照相关标准，是指空载时超过±10%、负载(满载或接近满载)时超过±3%。此时三相电压应平衡。

①三相电源电压不平衡度较大。

三相电源电压不平衡度将直接影响到三相电流的不平衡度。《不平衡电压对三相笼型感应电动机性能的影响》(GB/T 22713—2008)中提及，三相电源电压不平衡度对三相电流的不平衡度影响会因电动机的负载状态不同而有区别，额定负载附近时，三相电流的不平衡度略大于三相电压不平衡度；随着负载的减小，影响逐渐增大，当电动机空载运行时，将是三相电压不平衡度的6~10倍，例如三相电压不平衡度是1%，则电动机三相电流空载电流的不平衡度将有可能高达6%~10%。可见其影响之大。

确定三相电源电压不平衡度的方法是测量三相电源电压。如有可能，首先在电动机与电源线连接的位置进行测量(一般在电动机接线盒内的接线端子上测量)。证实确是三相电源电压不平衡度较大的，则继续沿着供电电路向配电的电源进线方向逐级测量查找故障位置。

接触器的触点被电弧灼蚀引起接触不良，是造成三相电压不平衡的最常见原因。应经常检查，发现灼蚀较严重时，务必尽快修理，否则将形成恶性循环。

②绕组有相间或对地短路故障。

在确认电源正常的情况下，考虑绕组是否存在相间或对地短路故障。

绝缘电阻表检查绕组对地和相间绝缘情况。用绝缘电阻表测量绕组对机壳和各相之间绝缘电阻，排除绝缘问题后对绕组进行烘干处理，再次测量绝缘电阻，直至达到合格标准。

用指示灯检查绕组对地和相间绝缘情况。若没有绝缘电阻表，可采用示灯法检查绕组的绝缘情况，操作时应采取安全措施防止触电。通电后灯不亮说明绝缘良好；微亮说明绝缘较差；亮度正常说明绝缘完全失效，即出现短路。

用漏电保护开关检查绕组对地和相间绝缘情况。用单相漏电保护开关输出端相线连接灯泡后接绕组的一端，漏电保护开关输出端零线接绕组的另一端。开关闭合后若不跳闸，灯泡有一定亮度，说明绝缘良好；若跳闸，说明绝缘已出现损伤。

③绕组有匝间短路故障。

用专用仪器判定,最有效的手段是使用“匝间仪”。若无专用仪器,可通过检查绕组直流电阻的大小和三相平衡情况进行粗略判断绕组是否有匝间短路故障。

④定、转子之间的气隙严重不均匀。

相对于定子或转子铁芯径向尺寸而言,定、转子之间的气隙是相当小的,但它在整个磁路中的作用却相当大(磁阻远大于整个铁芯的磁阻数值),当气隙宽度出现严重不均匀现象时,将会造成一个圆周上磁路的不均衡,气隙大的部位,磁阻大,从而使三相电流的平衡性变差。

新电动机定、转子气隙严重不均匀的原因主要是轴承室与定子铁芯的同轴度严重不合格所造成的。使用中的气隙变得严重不均匀的原因,主要是轴承损坏后其径向游隙变大或轴承外圆在轴承室内滑动并将轴承室严重磨损,造成转子与定子铁芯的同轴度受到破坏,转子下沉。严重时将出现定、转子铁芯之间发生局部摩擦现象(俗称“扫膛”)。此时,轴承温度将会上升,通过监听轴承部位的声音,可感觉到噪声明显变大,并伴有异常的摩擦声。

(4)空载电流大。

空载电流较大的原因如下:

①定子绕组匝数少于正常值。

②定、转子之间的气隙较大或轴向未对齐(错位)。

③铁芯硅钢片质量较差(出厂时为不合格品或用火烧法拆绕组时将铁芯烧坏)。

④铁芯长度不足或叠压不实造成有效长度不足。

⑤绕组接线有错误。如应三相星形连接误接为三相三角形连接(是正常值的3倍以上)、并联支路数多于设计值(例如应2路并联实为4路并联,此时电流将成倍地增长)。

⑥接入与电动机额定频率不匹配的电源。比如额定频率为60Hz的电动机通入了50Hz的交流电(所加电压仍为60Hz的额定数),此时的空载电流将是正常值的1.2倍以上,最高可达1.7倍左右。

⑦电源电压高于额定值。在额定电压附近(特别是高于额定电压时),空载电流与电压的2次方(甚至于3次方以上)成正比,所以空载电流的增加将远大于电压的增加。

(5)电机温度高。

温度高的原因主要有两个方面:一是发热部位产生的热量较多;二是散热系统工作异常。

电机过热的表现形式主要是电流大,原因如下:

①负载(包括附加在电动机输出转轴上的所有机械负载)超过了额定值。

②电源电压过低,在负载不变的情况下,促使电流增加。

③电源电压过高,对不是恒定值的负载(例如风机和水泵),电流将随着电压的增大而增大,在很多情况下是与电压的2次方成正比增加的。

④轴承损坏,严重时造成定、转子相擦,使运转阻力明显加大。

⑤由各种原因造成的三相电流不平衡,使一相或两相电流明显增大。

⑥转子细条或断条,使输出转矩不足,转速下降,电流增大。

⑦接线错误。常见的是将正常三相三角形连接,接成了三相星形连接。电流增大幅度与负载性质有关,但大都会因输出功率不足而使转速下降很多,造成转子损耗明显增加而过热。

⑧普通电动机使用变频电源供电。统计数据表明,当输出同样的功率时,其温度将高出使用网络电源的10%以上,在较低频率下运行时或更加严重。

散热不良的主要原因如下:

①环境温度过高。据统计,环境温度每超过1℃,电机温度将增高0.5℃左右。

②海拔过高。海拔过高,会因空气稀薄而影响散热,据统计,海拔每增高100m,电机温度将在正常数值的基础上增加1%左右。

③冷却系统故障,如风扇损坏、通风道堵塞等。

④机壳表面附着油污、灰尘、泥水等杂质影响散热。

⑤制造缺陷造成散热不良。

(6)三相绕组烧毁。

若发生绕组烧毁,一般可根据其烧毁状态判断故障原因。

①全部变色,绝缘和绑扎带等变黄、变脆甚至开裂,说明电机长时间过电流运行。

②三相绕组中有一相或两相变色或烧毁,是由于电源缺相(有一相电源没有供电或供电电压不足额定值的1/2)或绕组断相运行造成。

③绕组出现局部烧毁,说明该处发生匝间、相间或对地短路(对地短路常见在槽口处);若部分绕组变色,则是已有短路单还未达到最严重的程度。

(7)轴承温度过高。

所谓轴承过热,是指滚动轴承温度超过了95℃,滑动轴承温度超过了85℃。轴承过热一般为质量、装配、润滑油脂等问题所致。常见原因如下:

①轴承质量较差,或在运行前的运输及搬运过程中造成了损伤;轴承与转轴

或轴承室的同轴度不符合要求等。

②轴承与轴或轴承室配合过紧,使轴承内环或外环挤压变形,径向有隙变小,滚动困难,产生较多热量;或本可轴向活动的一端轴承外环被轴承盖压死,当轴因温度上升而伸长时,带动轴承内环离开原轴向位置,从而挤压滚珠研磨侧滚道,产生较多的热量。

③轴承与转轴或轴承室配合过松,使轴承内环在转轴上、外环在轴承室内快速滑动,一般而言,内环滑动是绝对不允许的,外环有很缓慢的滑动在很多情况下是无害的;这种快速摩擦滑动将产生大量的热量,从而造成温度急剧上升,严重时会在很短的时间内致轴承损坏,甚至产生定、转子相摩擦,绕组过电流烧毁等重大事故。

④环境中的粉尘通过轴承盖与转轴之间的间隙进入轴承,大幅降低油脂润滑功能,增加摩擦阻力,产生较多的热量。为避免该问题,需保持工作环境的空气清洁度,较为彻底的解决方法是在轴承盖与转轴之间增强密封。

⑤因各种原因造成的转子过热,转子的热量传到轴承中,使轴承中的润滑脂温度达到其滴点而变成液态流失,轴承失去润滑而产生较高的热量。

⑥润滑脂过多、过少或变质,附带挡油盘的轴承室结构若不及时补充油脂,就会逐渐出现润滑脂减少的现象;另外,在低温下使用耐高温的润滑脂,会因其黏度较大而产生相对较多的热量;同时,换用不同牌号油脂也有可能带来该问题,不同成分油脂混用后,不排除会出现油脂稀释或板结、变色等现象,降低润滑效果,造成轴承损坏。

⑦轴承室结构注油孔加工错误,使得油脂不能注入轴承室内(轴承在运转时,因离心力作用,沿其径向产生一个较高的正压,其中的油脂不断向外甩出,使原本由注油孔进入的油脂不能进入到轴承室中),由此造成轴承发热甚至抱死。

⑧轴电流过大对轴承滚道和滚动体(滚珠、滚柱)造成损伤,产生滚动不畅,摩擦力增大,温度升高。

(8)振动和噪声大。

电机的振动和噪声往往是同时产生的,这是因为声音是由物体振动产生的。但不一定振动大、噪声就会大,因为振动和噪声的频率对两者的影响程度有所不同。一般情况下,技术人员可通过直观感觉来确定振动和噪声是否存在异常,有时也需使用专用的精密仪器测量并做准确的数值判断分析;轴承噪声大是指其数值超过了规定的标准,异常噪声是指某些间断的或连续的不正常响声,如“嗡嗡”“咔咔”声等,此时测量数值不一定超标,但却会让工作人员有不舒适感。

引起轴承和三相异步电机噪声较大的原因较多,主要有以下几个方面。

①三相电源电压不平衡度较大,可通过测量三相电源电压数值确定。

②定子绕组有匝间短路故障,三相电流也将不平衡。

③轴承质量不符合要求,或轴承装配存在问题。

④电动机整体机械结构的固有振动频率刚好与通电运转产生的振动频率相吻合,致使产生整机运行时的共振,有时会在某一频率段产生。

⑤转子铁芯与轴脱离,此时将发出较大声响,同时转速很低。

⑥转子导条有断条现象,用指针式电流表测量电流,电流表的指针按一定频率来回摆动。

⑦风扇或其他转动部件安装不符合要求或磨损后配合松动等原因,与固定部件(如端盖或风扇罩)互相摩擦。

(9)负载运行时电流波动幅度较大。

当电机加负载运行时,若其电流较正常时偏大并周期性波动,可初步判定为转子有断条故障;当电机负载较大但未超过额定值时,会出现转速下降、电流增加、温度升高、径向振动变大、按一定周期发出“嗡嗡”声等异常现象。

2)检测诊断内容

电机的检测及维护须由专业人员进行操作,并采取相应的安全措施,其检测诊断内容见表6-7。

电机检测表 表6-7

| 检测项目 | 检测手段 | 检测时机 | 检测标准 | 检测部位 | 检测周期 |
|---|---|---|---|---|---|
| 表面清洁 | 目测 | 实时 | 人为判断 | 电机表面 | 每周 |
| 接线盒 | 目测 | 启动 | 人为判读 | 接线盒 | 每半年 |
| 运转状况 | 观察 | 在线 | 可编程逻辑控制器(PLC)故障显示 | 配电柜或主控室 | 每班 |
| 转速 | 观察仪表盘 | 掘进 | 厂家规定值 | 仪表盘 | 每周 |
| 电压 | 观察仪表盘 | 掘进 | 厂家规定值 | 仪表盘 | 每周 |
| 电流 | 观察仪表盘 | 掘进 | 历次比较 | 仪表盘 | 每周 |
| 机壳温度 | 温度计 | 掘进 | 历次比较 | 定点 | 每半月 |
| 冷却水温度 | 温度计 | 掘进 | 历次比较 | 定点 | 每半月 |
| 振动 | 测振仪 | 启动(空载和负载) | 趋势分析 | 水平、垂直、轴向 | 每日 |
| 绝缘电阻 | 兆欧表 | 停机 | 厂家规定值 | 定点 | 需要时 |
| 噪声 | 声级计 | 运转 | 标准值 | 定点 | 每周 |

3)检测诊断方案

目前,电机检测较为成熟的方法有:振动法、电流分析法、红外诊断法、专家系统、噪声法等。

(1)振动法

由于电机在生产时都存在一定的制造误差,这种误差无碍正常运行,但会产生一定的振动和噪声。正常状态下,这种制造误差监测信号是平稳的,一旦出现故障,就会引起监测信号幅值增大,频域中出现新的频谱成分,振动法就是通过检测信号幅值和频域频谱成分来分析电动机有无故障发生的。测振点一般选择在电动机的轴承座或机座位置。噪声法则选择声音强度较大的地方或离易损部件较近的位置,但常规的噪声检测易受外界干扰,对于 TBM 与盾构施工这种现场嘈杂的项目,可转而选择接触式的噪声检测,如机械故障听诊器等,可较大程度减少外界干扰。

(2)电流分析法

该方法是通过检测电动机定子感应电流的变化来判断电机工作状态的优劣。理想的电机电流信号应该是一个纯的正弦波,其频谱只有一个峰值存在,但实际电流频谱上会表现出多个峰值,包括工频及其谐波,这些就是电流特征,对其加以分析便能识别故障。电流分析法和振动法是目前检测电机应用最多的方法,但在掘进机施工现场,获取理想可供分析的信号是个难题。

通常获取电流信号的方法有两种:一种是直接接入电机的主回路或电机短路保护的二次回路;另一种是通过电流互感器卡入三相电缆的表层,这种方法较前者精度偏低,且易受电磁干扰,但装卸方便,不会对电动机的正常运转造成影响,对于现场电流信号采集较理想。掘进机施工现场的电机多为大功率、变频驱动的三相异步电机,应用第一种方法干扰较大,很难被允许,往往只能考虑第二种方法。

(3)红外诊断法

红外诊断法是一种利用红外技术检测设备使用过程中的状态,可早期发现故障并预报发展趋势。电机的很多故障都是通过设备的热状态异常察觉出来的,而红外检测的基本原理就是通过探测设备的红外辐射信号,从而获取设备的状态特征,该方法简单易用,检测效率高,可作为电机检测的辅助手段。通用的红外检测设备有红外点温仪、红外扫描仪、红外热电视和红外热像仪等。

(4)专家系统

实质上是采用不同于传统数学的方法,去模拟人类的思维过程,如逻辑推理、决策、分析等。故障诊断专家系统往往是经验的,主要集成了领域内各专家的经验知识,难以用数学公式表达,使用时只要输入故障现象,系统会自动搜索出相应的解决方案,犹如咨询身边专家一样,但实际应用中对于故障征兆往往很难准确识别，且经常会出现多故障重合的现象，这些都给专家系统的诊断带来挑战。对于广大的施工现场经验并不太丰富的初学者而言，故障诊断专家系统不失为一种较实用的工具，但系统的开发并不是一件简单的工作，所涉及周期较长，需统计或假设各种故障现象及其解决方案，工作量大，需不同领域专家的协作。

### 6.4.3 变速箱

1）变速箱主要故障

变速箱是一种较为复杂的系统，包含有齿轮、传动轴、轴承和箱体结构等。其中，箱体结构在整个系统中起支承与密封作用，其出现故障的概率很低，相比而言，故障主要发生在齿轮、传动轴和轴承中，据统计，往往占到变速箱故障的90%以上。

在变速箱的故障诊断中，一般只需给出是否产生故障及故障发生的位置。根据振动信号的特点，常见的典型故障形式如下：

（1）齿形误差

齿形误差是指齿轮齿形偏离理想的齿廓线，其中包括制造误差、安装误差和服役后产生的误差。故障诊断中主要针对的是齿轮投入使用后产生的齿形误差，包括齿面塑性变形、表面不均匀磨损和表面疲劳等。断齿也会造成齿形误差，但由于其振动信号的特征与上述齿形误差有着明显的差异，所以将其列为单独的故障形式，以便于故障诊断。

（2）齿轮均匀磨损

齿轮均匀磨损主要是指齿轮投入使用后在啮合过程中出现的材料摩擦损伤现象，主要包括磨粒均匀磨损和腐蚀均匀磨损。齿轮轮齿均匀磨损时不会造成严重的齿形误差，其振动信号的特征也大有差别，所以不归为齿形误差。

（3）轴不对中

轴不对中主要是指联轴器两端的轴由于设计、制造、安装或使用过程中的问题，使轴系虽平行但不对中，造成轴上的齿轮产生分布类型的齿形误差。其振动信号与单一齿轮齿形误差不同的是，轴不对中时所有轴上的齿轮均会产生齿形误差而导致信号的调制现象。

（4）断齿

断齿是一种严重的齿轮故障，主要有疲劳断齿和过载断齿两种形式，其中大多数为疲劳断齿。断齿时，其振动信号冲击能量大，不同于齿形误差和齿轮均匀磨损。

(5)箱体共振

箱体共振是由冲击能量激励起变速箱箱体的固有频率而产生的共振现象，一般由箱体的外部激励引起。箱体共振产生很大的冲击振动能量，是一种非常严重的故障。

(6)轴弯曲

变速箱中轴也经常产生故障。当轴产生轻度弯曲时，也会导致该轴上的齿轮产生齿形误差，与单一齿轮齿形误差不同的是，轴弯曲时该轴上所有齿轮均会产生较大的齿形误差。当轴发生严重弯曲时，将产生较大冲击能量，表现为一种较为严重的故障形式，其振动信号也不同于轻度弯曲。

(7)轴不平衡

轴不平衡是齿轮箱中轴的一种典型故障。所谓不平衡，是指轴由于偏心的存在而引起的不平衡振动，而制造、安装和投入使用后的变形均可能带来上述偏心的产生。当产生轴不平衡故障时，在齿轮传动中也将导致齿形误差，但这种故障与单纯的齿形误差有着明显的区别。

(8)齿轮轴向窜动

轴向窜动主要发生在使用斜齿轮的情况下，当同一轴上有两个同时参与啮合的斜齿轮、而轴向又没有很好的定位与锁定装置时，就可能发生齿轮轴向窜动现象，这主要是由于其轴向受力不平衡造成的。齿轮的轴向窜动将严重影响齿轮传动精度和平稳性，还可能造成齿轮轮齿端面的冲击磨损，是一种较为严重的故障。

(9)轴承疲劳剥落和点蚀

变速箱中滚动轴承的典型故障为内、外环和滚动体的疲劳剥落、点蚀。轴旋转时，内、外环和滚动体在接触过程中会发生机械冲击，产生被称为冲击脉冲的变动幅度较大的力。齿轮箱中滚动轴承发生故障时，其能量较齿轮产生的振动能量小得多，这成为了诊断的难点。

2)齿轮的主要破坏形式

而在变速箱各部件中，齿轮可能出现的故障概率是最大的，常见的故障形式有：

(1)断齿

断齿是最常见的齿轮故障，轮齿的折断一般发生在齿根，因为齿根处的弯曲应力最大，而且是应力集中之源。断齿分疲劳断齿、过载断齿、和局部断齿三种情况：

疲劳断齿。轮齿根部在载荷作用下所产生的弯曲应力为脉动循环交变应力，叠加在齿根圆角、加工刀痕、材料缺陷等应力集中源的复合作用下，会产生疲劳裂纹，裂纹逐步蔓延扩展，会最终导致轮齿发生疲劳断齿。

过载断齿。对于由铸铁或高硬度合金钢等脆性材料制成的齿轮，在严重过载或受到冲击载荷作用时，会使齿根危险截面上的应力超过极限值而发生突然断齿。

局部断齿。当齿面加工精度较低或齿轮检修安装质量较差时，沿齿面接触线会产生一端接触，另一端不接触的偏载现象，偏载使局部接触的轮齿齿根处应力明显增大，超过极限值则将演变为局部断齿。局部断齿总是发生在轮齿的端部。

(2)点蚀和片蚀

点蚀是闭式齿轮传动常见的损坏形式，较多出现在靠近节线的齿根表面上。齿面处的脉动循环变化的接触应力超过了材料的极限应力时，就会产生疲劳裂纹，裂纹在啮合时闭合而促使裂纹缝隙中的油压增高，从而又加速了裂纹的扩展。如此循环变化，最终使齿面表层金属一小块一小块地剥落下来而形成“麻坑”，即点蚀。

点蚀有初始点蚀和扩展性点蚀两种。初始点蚀也称为收敛性点蚀，通常只发生在软齿面（$HB<350$），一般出现后不再继续发展，有的还会随时间消失，原因是微凸起处逐渐变平，从而扩大了接触区，接触应力随之降低。扩展性点蚀通常发生在硬齿面（$HB>350$），出现后，因为齿面脆性大，凹坑的边缘不会被碾平，而是继续碎裂下去，直到齿面完全损坏。

对于开式齿轮，齿面的疲劳裂纹尚未形成或扩展时就被磨去，因此不存在点蚀。

当硬齿面齿轮热处理不当时，沿表面硬化层和芯部的交界层处，齿面有时会成片剥落，称为片蚀。

(3)磨损

齿面的磨损是由于金属微粒、尘埃和沙粒等进入齿的工作表面所引起的。齿面不平、润滑不良等也是造成齿面磨损的原因。此外，不对中、联轴器磨损以及扭转共振等，会在齿轮啮合点引起较大的扭矩变化，或使冲击加大，将加速磨损。

齿轮磨损后，齿的厚度变薄，齿廓变形，侧隙变大，会造成齿轮动载荷增大，不仅使振动和噪声加大，而且很可能导致断齿。

(4)胶合

齿面胶合（划痕）是由于啮合齿面在相对滑动时油膜破裂，齿面直接接触，在摩擦力和压力的作用下接触区产生瞬间高温,金属表面发生局部熔焊而黏着并剥离的损伤,胶合往往发生在润滑油黏度过低、运行温度过高、齿面上单位面积载荷过大、相对滑动速度过高、接触面积过小、转速过低(油带不起来)等条件下。齿面发生胶合后,将加速齿面的磨损,使齿轮传动很快地趋于失效。

(5)塑性变形

齿轮的故障还有塑性变形,即在高压(重载)和很大摩擦力的作用下,齿面金属层发生塑性移动变形,从而在主动轮上出现节线附近局部凹下、从动轮节线附近局部凸起的现象。

3)检测诊断内容

TBM与盾构机的变速箱为行星齿轮传动,承受高负荷、大扭矩,故障发生率较高。因施工现场噪声大,受环境因素与诊断者经验差异的制约,用传统的变速箱诊断法如手摸、耳听常常会出现误诊与漏诊,判断故障源比较困难,因而对TBM/盾构机变速箱采取科学的状态监测与故障诊断就显得尤为重要。

一般可通过油液的运动黏度分析、水分析、光谱及铁谱分析中的铁铜含量来判断故障,还可通过振动分析监测齿轮周节误差、局部缺陷、齿形误差、断齿间隙等。TBM与盾构机变速箱主要检测项目见表6-8。

**TBM/盾构机变速箱检测项目表** 表6-8

| 检测项目 | 检测手段 | 检测时机 | 检测标准 | 检测部位 | 检测周期 |
|---|---|---|---|---|---|
| 运转状况 | 观察 | 实时 | 故障提示 | 主控室 | 每班 |
| 润滑油油位 | 目测 | 停机 | 指定油位 | 视窗 | 每日 |
| 润滑油油色 | 目测 | 停机 | 透明 | 视窗 | 每日 |
| 机壳温度 | 测温仪 | 掘进期间 | 趋势分析 | 定点 | 两周 |
| 冷却水温度 | 测温仪 | 掘进期间 | 趋势分析 | 定点 | 两周 |
| 冷却水压力 | 仪表 | 掘进期间 | 厂家规定值 | 定点 | 每班 |
| 振动 | 测振仪 | 掘进期间 | 趋势分析 | 水平、垂直、轴向 | 每日 |
| 噪声 | 噪声计 | 掘进期间 | 趋势分析 | 定点 | 每月 |
| 运动黏度 | 黏度分析仪 | 热机取样 | ±10% | 润滑油 | 每月 |
| 污染度 | 污染度分析仪 | 热机取样 | ≤NAS 9 | 润滑油 | 每月 |
| 光谱 | 光谱分析仪 | 热机取样 | 趋势分析 | 润滑油 | 每月 |
| 铁谱 | 铁谱分析仪 | 热机取样 | 人为判读 | 润滑油 | 每月 |
| 制动器油压 | 仪表 | 掘进期间 | 厂家规定值 | 压力表 | 每日 |
| 离合器异响 | 机械故障听诊仪 | 运转期间 | 人为判读 | 异响部位 | 视情况 |

续上表

| 检测项目 | 检测手段 | 检测时机 | 检测标准 | 检测部位 | 检测周期 |
|---|---|---|---|---|---|
| 离合器间隙 | 百分表 | 掘进期间 | <15mm 或厂家规定值 | 压盘间 | 每周 |
| 离合器接合压力 | 目测 | 掘进期间 | 厂家规定值 | 主控室 | 每班 |

4)检测诊断方案

目前,较为成熟的变速箱故障检测技术有振动检测、噪声检测、油液检测、温度检测、无损探伤等,对 TBM 与盾构机变速箱的推荐检测诊断方案如下:

(1)振动检测

用测振仪或冲击脉冲计探棒在变速箱轴承座外壁采集变速箱运转时的振动信号,通过小波分析,诊断变速箱是否损伤,以及哪一部件损伤。每班由技术员采集振动信号,并对振动信号进行小波分析。

(2)内窥镜检查

一般每隔 3 个月,由工程师用工业内窥镜检查变速箱内部部件的损伤情况,或当油液磨损分析或振动信号分析发现异常时,应立即展开。当肉眼观察发现异常时,可拍照做进一步的研究,必要时拆检。

(3)润滑系统检测

在润滑系统适当部位安装温度计,检测润滑油的冷却状况;对滤清器的堵塞程度实施电子监测。每个工作月进行一次油液分析,根据分析结果指导换油,确保润滑油质良好。用油位指示器监测润滑油油量,每班进行检查并记录润滑油油位情况。

如果选择观察油面高度,则必须等待足够时间,直到变速箱停止转动、油液均匀回流到各个部位时才能通过透明玻璃观察。若观察发现明显进水迹象,可在设备停机时间较长、启动机器之前,放掉变速箱底部沉积的水分。这样短期内不会对润滑油的理化指标造成大的影响。

(4)油液分析

与监测轴承磨损状况类似,借助磁性放油螺塞收集磨粒,通过肉眼或体视显微镜对磨粒进行观察分析,了解变速箱的磨损状态。同时,每月由检测工程师采集油样,进行光谱分析和(或)铁谱分析。如果油液中 Fe、Cr 磨粒增大、数量增多、形貌异常,则可推断齿轮或滚动轴承磨损;如油液中 Si 含量增多,则可能是粉尘从密封处进入,会导致变速箱齿轮加速磨损。

(5)噪声检测

条件允许时,可利用噪声计测量齿轮机构的噪声水平,平时加强传统感觉诊断。监测记录中,应注明齿轮机构的组装日期和装配精度、实际工作开始日期和功率测量、初始油品牌号及油量、换油及相关检查情况、齿轮表面状态及轴承状态等内容。

(6)直读铁谱分析和冲击脉冲测量相结合的检测

由于旋转设备出现故障前都会有初期振动特征信号产生,因此采用振动测试技术对变速箱运转时的各种特征信号进行采集、处理,同时结合润滑油的磨粒分析等多种检测手段,可提高故障的预报和诊断能力,减少故障的发生率。

①直读铁谱分析和冲击脉冲测量。

齿轮和轴承的主要失效形式是磨损或疲劳剥蚀,而磨损与疲劳剥蚀的粒子都会进入油液中,所以,通过对齿轮箱油液的直读铁谱分析,可以对其磨损程度、磨损部位、磨损性质做出判断。由于磨损,各摩擦副的间隙增大,运转时其冲击值必然增大;由于滚子和滚道的疲劳剥蚀,运转时滚动轴承的冲击值也必然增大,所以也可借助冲击脉冲检测上述情况。

②冲击脉冲异常值诊断。

冲击脉冲测量快速简单、成本较低,但监测之前必须掌握齿轮的齿数、模数、转速等相关信息,以便于计算特征频率,其故障定位也有一定局限,所以对冲击脉冲异常的部位往往还需进行精密振动诊断。

③直读铁谱分析异常的诊断。

直读铁谱分析对故障定位也有局限,需要时可作分析式铁谱分析或光谱分析。

综合而言,对TBM/盾构机变速箱的状态监测,宜采用振动分析,辅以红外检测、油液检测和听诊器听诊的方法。

### 6.4.4 泵

1)主要故障特点

泵的故障主要分为汽蚀和机械故障两类,若泵出现故障时,相关零部件必须更换,否则可能降低泵的容积效率,导致漏油或无法供油、动力不足,甚至可能造成泵的严重损伤。

(1)汽蚀

汽蚀是一种常见的水泵故障。当液体压力降低到水温的汽化压力时,因汽化而形成的大量水蒸气气泡,随着汽化的水流入叶轮内部高压区,在高压作用下气泡在极短的时间内破裂,并重新凝结成水,气泡周围的水迅速向破裂气泡的中心集中而产生很大的冲击力。这种冲击力作用在水泵的壁上,就形成了对水泵的破坏作用，称为汽蚀。汽蚀现象又称空蚀现象、空泡现象，它是水力机械以及某些与液体有关的机器中特有的现象。

(2)机械故障

泵的机械故障种类很多，通常表现为压力不足、流量不足、噪声异常、振动异常、泄露、过热等，他们具有共同的特点，归纳起来可从以下两点来说明：

①故障的随机特性。

因为离心泵运行是动态过程，就其本质而言是随机的。此处“随机”一词包括两层含义：一是在不同时刻的观测数据是不可重复的，因此，用检测数据直接判断运行过程故障是不可靠的，只能从统计意义上分析；二是表征泵工况状态的特征值也不是不变的，而是在一定范围中变化。机器的运行过程是一个动态过程，都可以用数学方法(微分方程和差分方程)描述，不同的泵描述它的动态特性模型参数和特征方程不同，因而描述工况状态的特征域就有差异。即使是同型号的泵，由于装配、安装及工作条件上的差异，也往往导致泵的工况状态及故障模式改变。

②故障的多层次性。

从系统特性来看，除了连续性、离散性、间歇性、缓变性、突发性、随机性、趋势性和模糊性等一般特性外，离心泵都是由很多个零件装配而成，零部件间相互耦合，这就决定了泵故障的多层次性，一种故障由多层次故障原因所构成。因此，研究泵系统工况状态的基本出发点是必须遵循随机过程的基本原理。

2)检测诊断内容

泵的检测诊断必须由受过培训的专业人员进行，维修前必须熟悉液压(或水)系统原理图，元件的维修及更换要严格执行技术文件的要求，具体检测项目见表6-9。

泵的检测表　　表6-9

| 检测项目 | 检测手段 | 检测时机 | 检测标准 | 检测部位 | 检测周期 |
|---|---|---|---|---|---|
| 运转状况 | 观察 | 在线 | PLC故障显示 | 配电柜或主控室 | 每班 |
| 温度 | 红外测温仪 | 运行 | 趋势分析 | 泵壳定点 | 每天 |
| 振动 | 测振仪 | 运行 | 趋势分析 | 横向、纵向、轴向 | 每天 |
| 听诊器 | 机械故障听诊器 | 运转 | 人为判断 | 泵壳定点 | 每半月 |
| 噪声 | 噪声计 | 运转 | 趋势分析 | 泵壳定点 | 每半月 |

3)检测诊断方案

(1)水泵汽蚀故障检测方法

①流量扬程法

汽蚀发生时,水泵的扬程、效率和流量会明显降低。通常将泵汽蚀特性曲线上扬程下降3%的点作为汽蚀发生的临界点,并在各行业中得以广泛采用。但在泵的初生汽蚀阶段,特征曲线变化不是太明显,而是当特征曲线有明显变化时,汽蚀已经发展到一定程度。也就是说,能量法诊断汽蚀有一定的滞后性,尤其对初生汽蚀的诊断有一定的偏差。但是,此方法在工程中使用时十分简便且易于操作,故目前仍广泛被采用。

②振动法

由于泵处于不同汽蚀状态时,引起的泵体振动幅度明显不同,可以通过固定在泵壳或泵轴上的加速度计,得到泵的振动信号。其中振动信号包括:由电机和泵等引起的振动,可以视其为背景振动信号;气泡破裂产生的信号,此为汽蚀故障信号。对采集到的信号运用技术分析手段进行后期处理,从而判别泵内是否发生汽蚀。

③噪声法

噪声法的原理与振动法相似,它是将声压传感器放置于合适位置上,以获得气泡破灭时产生的噪声信号,通过对此噪声信号的分析处理,达到对泵汽蚀状况的检测和识别。

④压力脉动法

由于汽蚀会造成离心泵泵体内汽液两相流动,随着汽蚀程度的加深泵内流道会发生变化,造成流场内压力脉动与正常工作时有明显的不同。因此,可以通过分析泵进口或出口压力脉动信号,得到表征离心泵汽蚀状况的参数。

⑤图像法

借助可视化试验装置和高速摄影仪对汽蚀空泡进行观测,以判断离心泵的汽蚀状况。此方法是最直观较准确的诊断方案,但由于装置对流体介质要求比较严格,且操作比较麻烦,其在应用上有很大的局限性。

(2)泵的机械故障检测方法

①振动检测诊断法

以泵振动作为信息源,在运行过程中,通过振动参数的变化特征判断泵的运行状态。

②噪声检测诊断法

以泵运行中的噪声作为信息源,通过噪声参数的变化特征判断泵的运行状态。该方法本质上与振动检测诊断法是一致的，因为噪声主要是由振动产生的。方法虽相较更简便，但易受环境噪声影响，准确度不如振动检测诊断法。

③温度检测诊断法

分析可检测的泵零件温度信息，通过温度参数的变化特征判断泵的运行状态。

④压力检测诊断法

在泵运行过程中，通过压力参数的变化特征判断其运行状态。

⑤声发射检测诊断法

金属零件在磨损、变形、破裂过程中产生弹性波，以此弹性波为信息源，在运行过程中，分析弹性波的频率变化特征判断泵的运行状态。

⑥油液分析诊断法

在液压泵运行过程中，定期对油液进行理化指标分析，通过液压油中金属含量或理化指标的变化，判断泵的运行状态。油液理化指标异常或污染，将会引起泵的异常磨损或损坏。

⑦金相分析诊断法

针对某些运动的零件，通过对其表面层金属显微组织、残余应力、裂纹及物理性质进行检查，研究变化特征，判断泵存在的故障及形成原因。

## 6.5 信息化平台

TBM/盾构机往往具有长运行周期等特性，比如部分TBM/盾构设备，其单个项目运行周期甚至可以接近10年。随着TBM/盾构机再制造的逐步发展，针对TBM/盾构机的状态监测与信息记录，很有可能会横跨多个项目，涉及多个周期。TBM/盾构机的状态监测信息也是复杂的，体量庞大。当前的信息化应用基础及数字化、智能化的发展和预期，都提示着我们应当充分利用信息化手段，去开展长周期的、更全面地针对TBM/盾构机的状态监测数据收集、分类存储，展开更科学的数据分析、利用及其研究。

本节以集团级TBM/盾构机油液检测及信息处理信息为蓝本，对相关信息化系统的建设及应用做简要描述，供向信息化方向拓展者参考。

### 6.5.1 目标与原则

1）建设目标

利用信息化手段，打造数字化监测平台，实现对TBM/盾构机核心部件及关键系统全方位的状态分析。对 TBM/盾构机关键设备进行跟踪监测，通过 TBM/盾构机设备状态监测系统对设备“监护”，对可能出现的故障和问题进行预测、诊断，实现基于数据的科学决策，减少设备故障发生、减少由于设备停机造成的工期延误。

2）建设原则

（1）扩展性。从系统架构上，对于业务框架的功能划分和功能部署预留空间，随着监测业务的发展，实现逐步扩充管理范围、增加监测项目。

（2）可靠性。平台设计考虑硬件和软件的容量、数据储存的备份与恢复功能等。

（3）安全性。充分考虑运行的安全策略和机制，根据不同的业务要求和应用处理，设置不同的安全策略。

（4）兼容性。平台应满足不同数据库的兼容性，统一数据交换标准，保证平台与其他平台间的对接要求。

（5）集成性。应充分考虑已建成系统，满足数据集成、共享的需求。

3）应用原则

（1）程序性。平台预设好角色及业务流程，按角色功能及预设流程完成设备监测管理。

（2）高效性。平台在设计、开发中遵循易操作性、实用性、高效性的原则，业务流程的设计应简洁、高效、实用，对业务流程的处理，按照常规业务处理模式，考虑工作习惯及业务人员的操作习惯。

（3）保密性。按角色及流程设置权限，灵活处理共享信息及保密信息。

（4）科学性。监测数据分析采取三种模式相结合：有相关标准规范的参照标准规范；没有相关标准规范的可横向对比分析；没有标准规范又无法横向对比分析的可进行趋势分析。监测报告呈相关专家评估、审核，严格保证监测的科学性。

## 6.5.2 平台功能及监测流程

1）平台功能

以某集团级平台为例，其设工作台、任务管理、项目管理、仪器耗材、油液检测、温度振动、统计分析、报告查询、标准知识库、系统管理、系统帮助 11 个模块。登录界面及分级模块如图 6-7、图 6-8 所示。

（1）工作台

展示当前角色的待办任务列表。

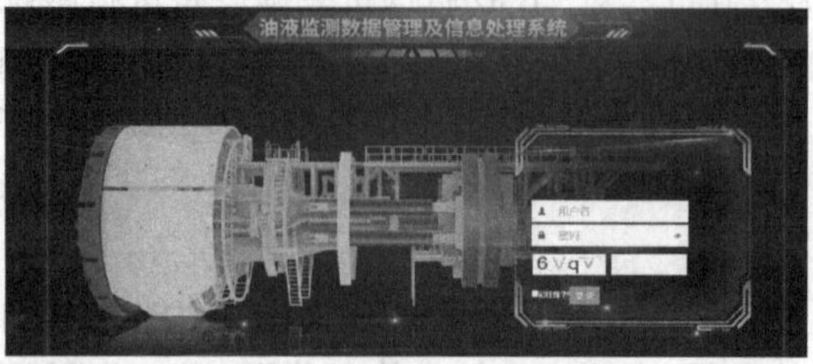


图 6-7　系统登录界面

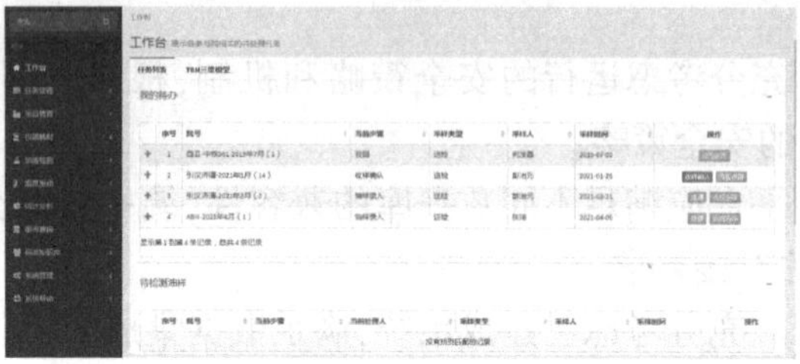


图 6-8　系统菜单界面

(2)任务管理

展示当前角色的所有任务(待办、在办、已办、已终止),进行分类管理,可查询流程信息。

(3)项目管理

由项目层面录入该项目所有基础信息,包括设备信息,设备检测的基础点位信息(采样点、测温点、测振点),以及关键设备运维期间的运维信息。

(4)仪器耗材

录入本级机构所拥有的检测仪器、器皿、试剂及材料、仪器维保、仪器标准校订等信息。

(5)油液检测

根据采样点录入油样信息(检测油样、补换油信息、新油信息),对录入油液进行检测并录入检测结果、生成报告及存档(完成油液检测数据录入后生成报告并存档)、检测项目管理(油液检测项目及引用标准、仪器)、检测阈值管理(检测项目的合格范围)。

(6)温度振动

根据测温点、测振点录入温度数据、振动数据,及相应的附属信息(时间、里程、地质参数、设备状态)。

(7)统计分析

分为检测数据分析、综合分析报告、油品报告、专家评估四部分。检测数据分析根据检测项目(油品检测项目、温度、振动)查询、下载权限范围内的检测数据(可选择时间或里程两个维度),分别以表格和趋势图展示。综合分析报告分月度报告、季度报告、半年报告、年度报告,可查阅下载权限范围内的报告。专家评估是综合分析报告按预设流程呈专家审核,项目给出反馈,最终归档。

(8)报告查询

报告查询分油品报告和综合分析报告,可查阅下载权限范围内的报告。

(9)标准知识库

标准知识库分四大块:经验知识、典型报告、标准管理、铁谱图例。此外,还可新增设备运行过程中或检测中发现的经验知识至知识库;新增检测过程的典型报告至典型报告库。标准管理指系统中各检测项目所对应的检测标准,可上传标准文件、图片、说明等,供技术人员查阅、下载。铁谱图例引用 YTF 系列图例管理系统中标准铁谱。

(10)系统管理

系统管理由管理员操作(不相关角色禁用),包括组织机构、字典管理、用户管理、角色管理、菜单管理、资源管理、日志管理、表单属性设置、电子印章等内容。

①组织机构:按层级关系建立组织机构。

②字典管理:系统中典型的字典分类、名称、分组。

③用户管理:在组织机构层级下设置用户,填写用户基本信息,配置角色。

④角色管理:根据流程设置系统角色。以该集团级系统为例,共配置 8 个角色,含项目业务人员、项目领导、公司业务人员、公司领导、集团检测员、专家、管理员。并设置角色权限(可操作菜单,操作选项),角色功能描述。

⑤菜单管理:对系统菜单进行设置,选择菜单对应资源、资源路径,进行排序。

⑥资源管理:编辑资源名称,设置资源路径、资源类型。

⑦日志管理:记录系统账户登录时间、操作菜单(不记录具体内容)。

⑧表单属性设置:设置表单名称、字段类型(整形、文本、时间、布尔等)、排序,是否隐身等。

电子印章:上传油品检测报告和综合状态分析报告的电子印章。

(11)系统帮助

开发者信息(软件名称、软件版本、技术支持单位、服务热线、公众号)。

使用帮助:可上传使用、维护等文档资料。

2)监测流程

(1)系统前期流程

系统前期流程如图6-9所示。

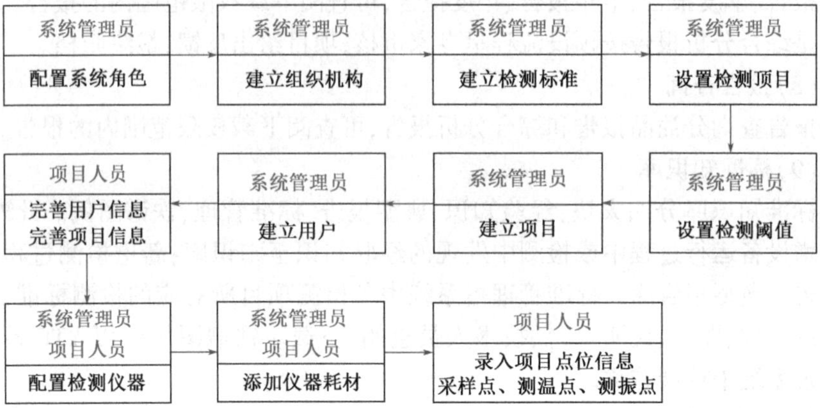


图6-9　系统前期流程图

(2)检测流程

检测流程是指从检测样品信息录入至报告生成阶段的工作,如图6-10所示。

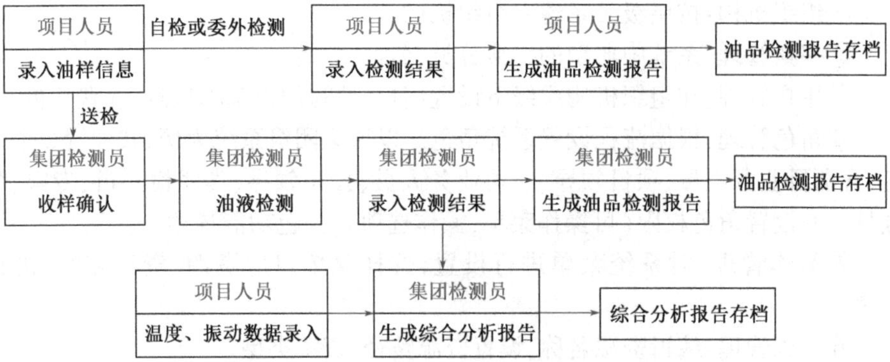


图6-10　检测流程图

(3)专家评估流程

已存档报告(集团公司检测生成的报告,即油品检测报告、综合分析报告)由集团检测员通过企业微信推送给相关专家、领导进行批阅,批阅后项目部根据意见处理并反馈。为保证工作效率,若流程推送至相应处理人员超过2天不进行处理,则默认为无处理意见,自动进入下一流程。如图6-11所示。

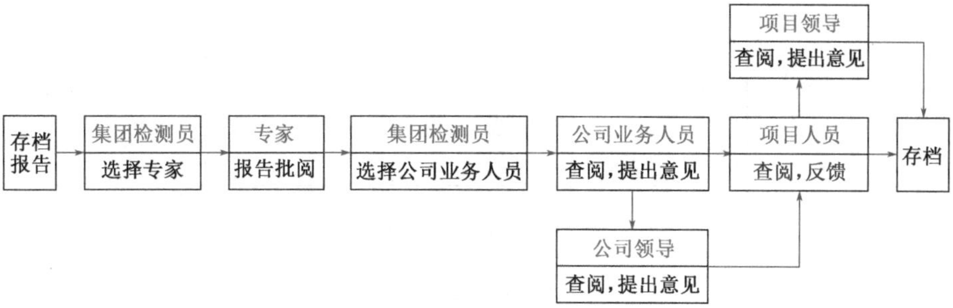


图6-11 专家评估流程图

## 6.5.3 数据统计分析及检测报告

1)数据统计分析

数据统计分析的对象具体到TBM/盾构机。

数据统计分析分为油液、温度、振动三大类,数据分别对应所选TBM/盾构机的采样点、测温点、测振点。其中油液检测可细分为水分析、污染度、运动黏度、分析铁谱、光谱。

数据可按运行时间(指TBM/盾构机的掘进时间)、开挖里程进行查询,如图6-12所示。

图6-12 检测数据统计分析查询条件界面

统计分析的展现形式分为表格趋势图和表格。检测结果为具体数值的(如水分析、污染度、运动黏度、光谱、温度、振动)展示为趋势图和表格;检测结果为文字描述的展示表格,如图6-13所示。趋势图的横轴为时间(对应相应里程),纵轴为检测项目,如图6-14所示。

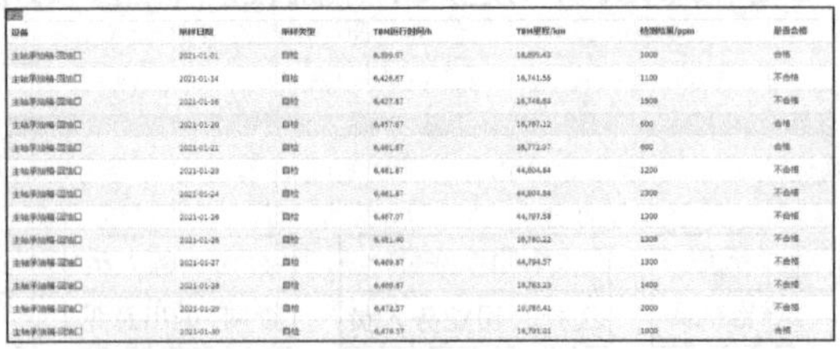

| 设备 | 采样日期 | 采样类型 | TBM运行时间/h | TBM里程/km | 检测结果/ppm | 是否合格 |
| --- | --- | --- | --- | --- | --- | --- |
| 主轴承油路-回油口 | 2021-01-01 | 自检 | 6,399.07 | 16,699.43 | 1000 | 合格 |
| 主轴承油路-回油口 | 2021-01-14 | 自检 | 6,426.87 | 16,741.55 | 1100 | 不合格 |
| 主轴承油路-回油口 | 2021-01-16 | 自检 | 6,427.87 | 16,748.65 | 1500 | 不合格 |
| 主轴承油路-回油口 | 2021-01-20 | 自检 | 6,457.67 | 16,767.12 | 600 | 合格 |
| 主轴承油路-回油口 | 2021-01-21 | 自检 | 6,461.67 | 16,772.07 | 600 | 合格 |
| 主轴承油路-回油口 | 2021-01-20 | 自检 | 6,461.87 | 44,804.84 | 1200 | 不合格 |
| 主轴承油路-回油口 | 2021-01-24 | 自检 | 6,461.87 | 44,804.84 | 2300 | 不合格 |
| 主轴承油路-回油口 | 2021-01-26 | 自检 | 6,467.07 | 44,797.58 | 1300 | 不合格 |
| 主轴承油路-回油口 | 2021-01-26 | 自检 | 6,481.40 | 16,780.22 | 1300 | 不合格 |
| 主轴承油路-回油口 | 2021-01-27 | 自检 | 6,469.87 | 44,794.57 | 1300 | 不合格 |
| 主轴承油路-回油口 | 2021-01-28 | 自检 | 6,469.87 | 16,783.23 | 1400 | 不合格 |
| 主轴承油路-回油口 | 2021-01-29 | 自检 | 6,472.57 | 16,795.41 | 2000 | 不合格 |
| 主轴承油路-回油口 | 2021-01-30 | 自检 | 6,476.57 | 16,791.01 | 1000 | 合格 |

图 6-13　表格统计分析界面

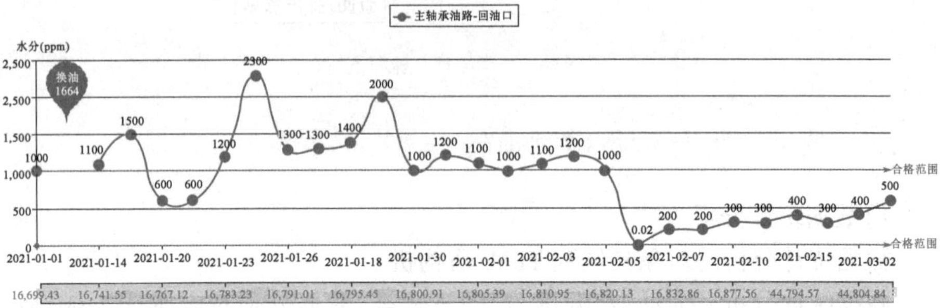


图 6-14　趋势图统计分析界面

有相应检测标准的在趋势图和表格中予以展示。图中列明合格范围,表格备注是否合格。

检索结果列明相应的设备维保内容,与设备运行时间和里程相对应。

2)检测报告

检测报告根据检测项目分为油品检测报告和综合分析报告,其中综合分析报告按时间段分为月度综合分析报告、季度综合分析报告、半年综合分析报告、年度综合分析报告。

(1)油品检测报告

油品检测报告主要针对各项目每一批次的油样(同一采样日期)。报告按设定模板生成,包含内容如下:

①TBM/盾构机基础信息:送样单位、油样批号、采样人、采样日期、TBM/盾构机运行时间、TBM/盾构机运行里程。

②油品信息:采样点对应设备、油品厂家、油品类型、油品型号、采样类型、油品运行时间、油品外观描述、收样确认、补换油情况。

③检测结果:各油样的检测结果、结果评价。

④综合评价:对本批次油样的检测结果进行综合评价。

(2)综合分析报告

根据时间段(月、季、半年、年)内的油品、温度、振动数据形成综合分析报告。报告按设定模板生成,包含内容如下:

①油液:油品信息、检测结果(趋势图、统计表格)、评价。

②振动:检测结果(趋势图、统计表格)、评价。

③温度:检测结果(趋势图、统计表格)、评价。

④综合评价:根据综合报告所选择时间段的各项检测结果对TBM/盾构机进行综合评价。

# 第7章 设备状态监测与故障诊断分析案例

设备状态监测与故障诊断技术为实现设备预知维修提供了新的技术手段，使得传统的定期维修上升到预知维修，为从根本上改变传统的设备维修现状创造了条件。本章以具体的 TBM 与盾构机故障事件为案例，从故障现象、状态监测、故障分析、故障处置等多个方面直观地阐述各种监测技术的应用场景与方法，以便于读者更好地理解不同故障现象的诊断手段，以及如何通过诊断技术手段评判设备状态，故障发生原因、规律等。

## 7.1 TBM 主轴承润滑系统油液分析与故障诊断（锦屏）

TBM 主轴承组件运转状况的优劣，无论对掘进施工，还是主机工作寿命，其影响都很大，一旦出现异常，由此造成的工期和设备损失难以预估，因此，对刀盘轴承的监控和诊断，对轴承润滑状况、密封状况的严密检测，对润滑油液的油质、磨损分析就变得十分重要。为保证主驱动润滑油的质量，需加强检测工作，根据检测结果为油液更换工作提供指引，保障设备运行。本节结合雅砻江锦屏二级水电站引水隧洞 C4 标 TBM 出现的主轴承润滑油运动黏度下降异常现象，重点对油液分析在设备状态监测中的应用做简单阐述。

TBM 运行期间，多次对主轴承润滑系统油液进行常规检测，发现润滑油运动黏度出现下降的异常现象。常规而言，该现象的原因一般为系统外部水分进入润滑系统，导致油液稀释，带来运动黏度降低。但针对油液含水量的检测，未检出含水量超标，排除了此原因。后经过多种检测手段及分析，确定了故障原因，并采取相应措施使主轴承润滑系统恢复正常。

## 7.1.1　故障描述

雅砻江锦屏二级水电站引水隧洞 C4 标采用敞开式 TBM 施工,2008 年开始掘进,同年 12 月 3 日,在对主轴承润滑油进行常规取样检测时发现,其运动黏度(40℃)为 151.5cSt($1cSt = 10^{-6} m^2/s$),标准参照值为 223cSt。当偏离超过 ±10% 时为警告量级,偏离超过 ±20% 则为失效量级。由此对照可知,此次润滑油测定已属失效级,当时该批油品运行时间仅 66.4h。经油质分析,发现油液中含有轻质油成分,为此更换了润滑油液、清洗主轴承润滑泵站及油箱等处理,并于处置后 100h 内,对主轴承润滑油进行了 8 次连续跟踪监测,发现油液的运动黏度在不含水的情况下仍呈现急剧递减状态,用油质分析仪再次检测出油液中含有轻质油成分。项目方采取了再次换油的处置方式,但短短一周后,在油品运行时长不足 50h 情况下,检测到油液的运动黏度指标又大大超出了正常范围,主轴承润滑系统频频报警,经检测该油液中仍存在轻质油成分。

## 7.1.2　故障分析

1)运动黏度降低的危害

雅砻江锦屏二级水电站引水隧洞 C4 标使用直径 12.4m 的 TBM401-319 型敞开式硬岩掘进机(TBM),其主轴承润滑系统油箱容积约 3000L,选用美孚 220 系列润滑油。润滑油的主要作用是在包容的轴承、齿圈等摩擦表面形成极压保护油膜,提高正常运转条件下的润滑和减摩能力,如果油液运动黏度超出范围,则油液在循环过程中将无法在轴承和齿圈等摩擦表面形成极压保护油膜,重压下轮齿啮合面形成点对点的接触、融化,对轴承、齿圈等造成点蚀或者胶合,久而久之使得主轴承磨损加剧,不仅严重影响 TBM 掘进施工,也会影响轴承的有效工作寿命。

同时,根据油液的黏温特性可知,随着温度的升高,油液的黏度会呈现急剧降低趋势,很有可能使得其密封组件性能降低,导致不同密封介质的互篡改性,后果严重。

2)主轴承润滑唇形密封结构分析

TBM 主轴承及密封组件是由主推进轴承,主驱动齿圈和内、外唇形密封组件构成(图 7-1),三道唇形密封之间(相邻的第一、第二道密封之间,第二、三道密封之间),均充填美孚 46 号抗磨液压油,第三道唇形密封与润滑油箱包容的空间填充美孚 220 系列主轴承润滑油,每道唇口的一边在微小液压油的压力作用下维持唇口唇边与耐磨环面紧贴,保证唇口的密封效果。第一道唇形密封外部,充填介质为水。由各密封和介质组成关口,阻止岩面岩粉的入侵和污染。

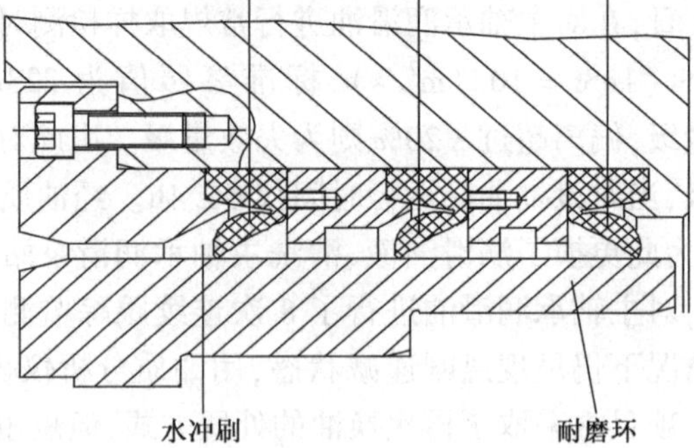


图 7-1 唇形密封结构示意图

3)异常成因分析

鉴于对主轴承多次换油之后,油液的运动黏度仍异常递减,且每次更换油液后较短时间内,均检出了轻质油成分,结合主轴承唇形密封结构分析,初步推测出以下几种可能性。

(1)当前所使用的润滑油液存在质量问题。

(2)加注新油过程中,因疏忽导致错加油品。

(3)密封内的 46 号液压油经唇形密封混入主轴承润滑系统。

## 7.1.3 检测与分析

通过咨询油品供应商,调查油品进场检验报告以及对新油品进行复检,油品各项指标符合要求,初步排除了当前所使用润滑油存在的质量问题。同时,经过对加油的全过程、加油人员、加油记录的详细调查,排除了加错油的可能性。为查明真相,尽快解决问题,项目方借助铁谱和光谱检测,对油液进行更进一步的分析。所用检测仪器如图 7-2、图 7-3 所示,检测结果见表 7-1、表 7-2。

主轴承润滑油新油报告 表 7-1

| 测试项目 | 运动黏度 | | 黏度指数 | 倾点(℃) | 总酸值/(mgkOH/g) | 烧结负荷(Pd. n) |
|---|---|---|---|---|---|---|
| | 40℃(cSt) | 100℃(cSt) | | | | |
| 测试结果 | 219.3 | 18.82 | 96 | –18 | 0.69 | 3089 |

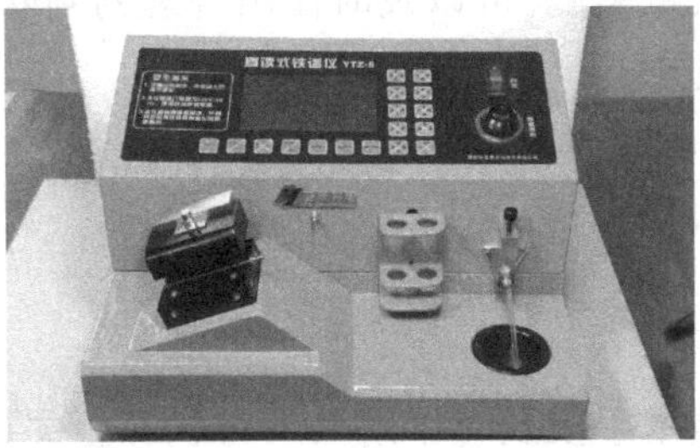

图 7-2　铁谱分析仪

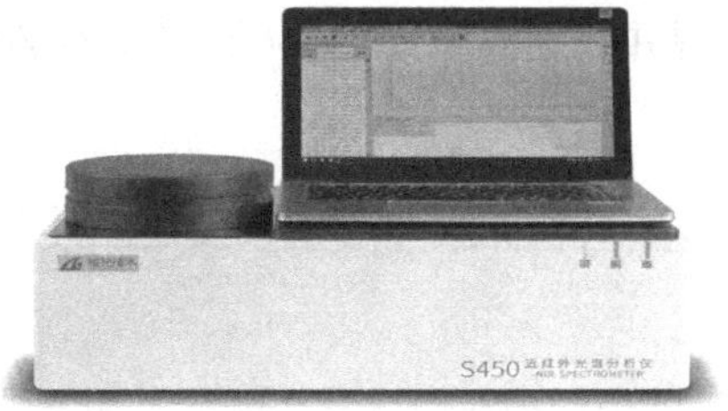

图 7-3　光谱分析仪

光谱分析报告　　表 7-2

| 元素 | Fe | Cu | Pb | Cr | Sn | Si | Mo | Al | Mg | Ni | Na | Mn | Ti | B | Ba | Ca | Zn |
|---|---|---|---|---|---|---|---|---|---|---|---|---|---|---|---|---|---|
| 新油测定值 | 0 | 0 | 0 | 0 | 0 | 0 | 0 | 0 | 0 | 0 | 0 | 0 | 0 | 29 | 0 | 2 | 1 |
| 旧油测定值 | 4 | 1 | 11 | 0 | 2 | 0 | 1 | 1 | 0 | 1 | 2 | 0 | 0 | 20 | 0 | 12 | 68 |

从上述检验报告可知，所用油液符合《工业闭式齿轮油》（GB 5903—2011）规定，排除了因油液本身质量问题所导致的运动黏度下降这一可能性，进一步的光谱分析表明，旧油中的 Ca、Zn 元素含量明显高于新油测定值，表明油液中存在外界轻质污染组分。结合铁谱分析，TBM 主轴承系统磨损情况基本正常，由此可以确定是外界轻质组分污染所致。而结合主轴承润滑系统的独立性判断，油液中所存在的外界轻质组分污染，基本上可判定来源于唇形密封之间的 46 号液压油，其经第三道唇形密封混入润滑系统。

经多方磋商，征得厂商同意，拟定处理方案为：将主轴承润滑唇形密封间的充填介质，统一由美孚 46 号液压油更改为与主轴承润滑系统相同型号的润滑油，其余保持不变，等待进一步验证。

### 7.1.4　处理与验证

2009 年 4 月 7 日，对 TBM 主轴承润滑系统和密封进行了换油处理，截至同年 7 月，累计跟踪监测 8 次，该批油液使用时长达 220h，主轴承润滑油运动黏度正常且平稳，润滑效果良好。以事实验证了上述监测分析的结论，并依此进一步查明了主轴承唇形密封所出现的问题，提出了优化改进。

该案例在国内同类型设备中较为罕见，通过对油液的连续跟踪监测，发现了主轴承润滑油在不含水情况下运动黏度反常的急剧递减，继而通过铁谱、光谱分析，结合主轴承密封系统分析，查清了润滑系统被严重污染的真正原因，改进了设备，为 TBM 的维护保养和监测提供了借鉴。案例表明，通过了解各组织结构及工作原理,采用油样分析尤其是连续的跟踪监测,可以及时作出合理的判断,发现并找到故障原因,从而减少不必要的损失。

## 7.2 TBM 主轴承润滑系统油液分析与故障诊断(大伙房)

TBM 主轴承为设备的核心部件,借助技术手段及时了解其运行状况至关重要。通过对主轴承润滑油的理化性能指标检测可以了解油液污染度、水分、斑点、黏度等参数,有助于快速确定故障源,减少停机时间。本节以大伙房输水工程 TBM 主轴承润滑油进水事件为例,通过对润滑油油样的定性、定量分析,结合润滑系统的工作原理,分析故障及其产生原因,并及时指导处置,减少了施工中不必要的损失。

### 7.2.1 故障描述

辽宁省大伙房水库引水工程位于辽宁省东部山区桓仁、新宾两县境内,主体工程全长约 85km,由直径 8.0m 的隧洞和附属建筑物组成。隧洞采取钻爆法、TBM 掘进法两种施工方式,其中有长约 60km 的主洞采用 TBM 法施工。

2005 年 9 月 20 日大伙房输水工程 TBM3 标段施工中,TBM 主轴承润滑系统发生异常,油箱油位过低,加注油液后运行系统,发现主轴承油液系统压力过高,调节泄压阀后正常,转动刀盘时出现润滑系统报警,被迫停机。为判断异常原因,从润滑油箱取样,观察发现油样颜色呈微红的虾酱色,疑似存在异样成分,现场进行了油液更换处理,并加入清洁油液对系统进行运转清洗,及更换滤芯等处置,再次运行,然故障依旧。

为掌握油液各项理化指标及污染情况,取样进行了现场检测,并将部分油样送至第三方检测。检测指标以黏度、含水量及污染度为主。所取油样如图 7-4 所示。

### 7.2.2 检测与分析

1)油品性能指标检测

(1)现场油样检测情况

取样后立即在项目实验室进行运动黏度、水分及杂质含量进行检测,检测结果显示,润滑油运动黏度(40℃)为 506cst,已大幅超过 223cSt 标准值;含水量为

13.5%，亦严重超标；油品杂质含量9.5%，表明已混入异物。

图7-4　被污染的油样

(2)第三方检测

①油品脱水：所取油样脱水加热过程中，发现烧杯内的油品出现大量气泡，说明油品内含有大量水分。

②油品稀释沉淀：经定性滤纸过滤，发现有大量的细腻酱紫色稀浆，判断存在粉尘可能性。

③油品加热及烘干：选择300℃烘干和500℃坩埚焙烧(此温度下有机成分将灰化，残留可判断为粉尘)。300℃烘干过程中，未见明显青烟，说明润滑脂成分不多，烘干后发现大量粉尘。焙烧试验进一步证实了存在粉尘的判断。

④对过滤后残留物进行红外光谱和透光试验，油品透光性极差，光谱峰线中看不出润滑脂官能团有机成分。

定性试验分析证明，油品中含有大量水分和粉尘等杂质。

2)润滑系统故障分析

经第三方检测，所取油样成分中润滑脂含量不高，且回油滤芯上仅存微量润滑脂痕迹，故分析主轴承唇形密封损坏可能性较小，基本排除粉尘及水通过密封进入润滑系统的可能。继而对主轴承进行全面清理排查，发现监视孔外围积存有大量泥沙和水，孔板固定螺栓松动，判断此处螺栓由于长期振动松动致使盖板密封不严，粉尘和水由此进入主轴承润滑系统。

### 7.2.3 处理方案

基于检测分析,首先对监视孔及其周围(主轴承底部)泥沙等污垢进行彻底清除,后期用汽油反复清理。清除泥沙后,再对监视孔重新密封处理。在主轴承润滑系统的清洗过程中,为彻底清除附着在系统各部位的杂质,先后清洗 4 次,其中前两次使用液压油,目的在于去除润滑系统中残余的污垢及水分;后两次使用润滑油,目的在于清除润滑系统中残存的液压油。每次清洗后更换润滑系统滤清器,以确保效果。

### 7.2.4 处理与验证

润滑系统清理完毕后补加油液并运转调试,TBM 恢复正常掘进。保持掘进一个周期后对主轴承润滑系统进行取样分析,结果显示水分微量,运动黏度(40℃)为 208cSt,符合标准,油品杂质减少,各项理化性能指标合格。此后一段时期,持续对主轴承润滑系统进行跟踪,各轮油品检测指标均合格,未发现异常及故障报警。

引发该案例的原因较为简单,但处理并不简单。这充分说明了 TBM 设备维护保养及状态监测的重要性,为进一步完善设备维护保养提供了有益借鉴。TBM 掘进期间,尤其面临完整坚硬岩段时,TBM 主机区域振动偏强烈,长期作用,可能会出现刀盘焊缝开裂、部分连接件(如螺栓)松动甚至断裂等,需格外加强检测,如将螺栓松动纳入每日必检项等。

## 7.3 隧道通风设备振动监测与故障诊断

通风系统是 TBM 掘进的重要保障措施,也是影响隧道施工速率的关键因素,通风系统中,风机是核心设备,其好坏决定着通风效率。以往对于风机的监测及维护,基本依靠工人的定期检修,但往往风机都安装在隧道顶部,检修与维护难度大,更无从谈及对风机故障的预测。本节结合西安至南京线铁路桃花铺隧道洞外轴流风机故障案例,对振动检测技术在通风设备故障诊断中的应用做简单阐述。

### 7.3.1 故障描述

西安至南京线桃花铺 1 号隧道全长 7234m,采用 TB880E 型敞开式 TBM 施工,洞室直径 8.8m,掘进长度 6015m。隧道洞外轴流风机(3 × 250kW)自 2000 年底投入运行后,接连出现意外停机,多次人工检修未查明故障,后风机恢复运行。2001 年 1 月 18 日,风机再次故障停机,经查发现电动机外部接线接触器烧毁。为彻底根除故障隐患,在更换配件后,项目方组织进行原因检查与分析,避免了事故的再次发生。

## 7.3.2　故障分析

为彻底根除故障隐患,对风机及安装支架进行了一次全面检修,发现风机机组间连接部位焊点约三分之二脱焊,钢支架结构抖动剧烈,推断故障主要是因为通风机组剧烈振动引起。为确定机组振动原因,采用了振动测量仪器对通风机组进行了持续振动监测,监测点布置如图 7-5 所示,监测数据见表 7-3。

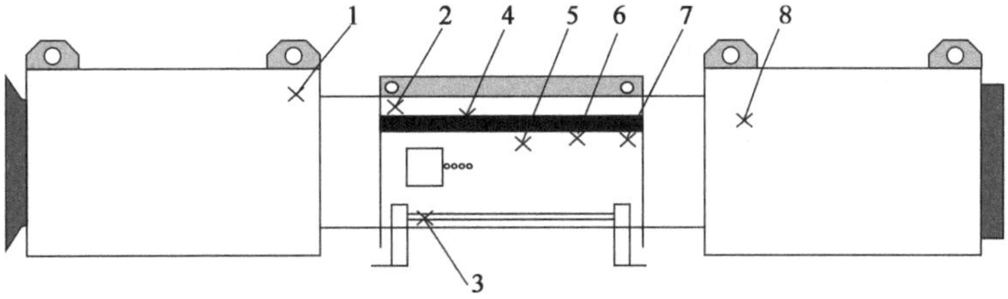


图 7-5　振动测点布置示意图

1 ~ 8-测点编号

通风机振动监测记录　　表 7-3

| 测点编号 | 垂直振动峰值 | | | 水平振动峰值 | | |
|---|---|---|---|---|---|---|
| | 加速度 $a$ ($mm/s^2$) | 速度 $v$ (mm/s) | 位移 $s$ (mm) | 加速度 $a$ ($mm/s^2$) | 速度 $v$ (mm/s) | 位移 $s$ (mm) |
| 1 | 3.0 | 5.4 | 0.098 | 8.1 | 23.6 | 0.380 |
| 2 | 3.6 | 5.9 | 0.098 | 7.0 | 19.1 | 0.296 |
| 3 | 13.1 | 7.6 | 0.134 | 16.6 | 25.8 | 0.446 |
| 4 | 14.4 | 9.2 | 0.139 | 16.7 | 19.4 | 0.311 |
| 5 | 20.1 | 33.11 | 0.578 | 17.6 | 42.8 | 0.747 |
| 6 | 19.7 | 83.7 | 0.615 | 19.6 | 48.9 | 0.913 |
| 7 | 11.0 | 16.3 | 0.293 | 10.8 | 21.3 | 0.375 |
| 8 | 8.7 | 15.3 | 0.285 | 7.7 | 11.0 | 0.123 |

参照旋转机械振动诊断的国际标准(ISO 2372),对风机振动速度允许值选定为<11.20mm/s,见表7-4。对比可知,风机机组振动数值(速度)严重超标。分析表明,上述故障系因剧烈振动外因造成接触器接触不良,接触器烧毁导致通风机故障停机。

旋转机械振动诊断国际标准(ISO 2372)　　表7-4

<table>
<tr><th>振动速度有效值(mm/s)</th><th>第一类</th><th>第二类</th><th>第三类</th><th>第四类</th></tr>
<tr><td>0.28</td><td rowspan="3">A</td><td rowspan="4">A</td><td rowspan="5">A</td><td rowspan="6">A</td></tr>
<tr><td>0.45</td></tr>
<tr><td>0.71</td></tr>
<tr><td>1.12</td><td rowspan="2">B</td></tr>
<tr><td>1.80</td><td rowspan="2">B</td></tr>
<tr><td>2.80</td><td rowspan="2">C</td><td rowspan="2">B</td></tr>
<tr><td>4.50</td><td rowspan="2">C</td><td rowspan="2">B</td></tr>
<tr><td>7.10</td><td rowspan="6">D</td><td rowspan="2">C</td></tr>
<tr><td>11.20</td><td rowspan="5">D</td><td rowspan="2">C</td></tr>
<tr><td>18.00</td><td rowspan="4">D</td></tr>
<tr><td>28.00</td><td rowspan="3">D</td></tr>
<tr><td>45.00</td></tr>
<tr><td>71.00</td></tr>
</table>

注:1. A:好;B:较好;C:允许;D:不允许。
2. 第一类:小型机械(在正常条件下,发动机与机器连接成一整体的设备);
第二类:中型机械(设有专用基础的中等尺寸的设备及刚性固定在专用基础上的发动机及设备);
第三类:大型机械(安装在测振方向上相对较硬的、刚性和重的基础上的具有旋转质量的大型原动机和其他设备);
第四类:大型机械(安装在测振方向上相对较软的基础上的具有较大旋转质量的大型原动机和其他设备)。

### 7.3.3 处理方案

通风机机组距地面高约5m,安装在钢结构支架上。为降低钢支架振动,对其进行了全方位的加强,并对钢支架基础进行了硬化处理。

同时,经进一步分析,可能因风机机组安装水平度存在偏差,导致了其振动的进一步加剧。经水准仪水平测量,证明了原风机机组底座安装点存在高程偏差,见表7-5。

风机底座安装点的高程偏差　　表 7-5

| 安装点 | 1 | 2 | 3 | 4 | 5 | 6 | 7 | 8 |
|---|---|---|---|---|---|---|---|---|
| 高程偏差(mm) | 0 | -10 | -15 | -8 | -15 | -6 | -16 | -10 |

安装点最大高程偏差达到 16mm,严重影响了风机的平稳运行,这是引起通风机剧烈振动的又一诱因。后续通过支垫等方式予以了水平调整。

### 7.3.4　处理效果

采取了一系列措施后,通风机恢复运行,借助振动检测仪对通风机组进行了跟踪监测,检测结果见表 7-6。

通风机振动检测结果　　表 7-6

| 测点编号 | 振动峰值 | | | | | |
|---|---|---|---|---|---|---|
| | 垂直 | | | 水平 | | |
| | 加速度 $a$ ($mm/s^2$) | 速度 $v$ (mm/s) | 位移 $s$ (mm) | 加速度 $a$ ($mm/s^2$) | 速度 $v$ (mm/s) | 位移 $s$ (mm) |
| 1 | 1.4 | 5.7 | 0.091 | 2.6 | 6.3 | 0.192 |
| 2 | 1.2 | 5.9 | 0.102 | 2.3 | 2.4 | 0.199 |
| 3 | 3.4 | 4.4 | 0.363 | 4.5 | 4.7 | 0.176 |
| 4 | 5.2 | 7.1 | 0.405 | 3.6 | 2.3 | 0.036 |
| 5 | 4.4 | 6.8 | 0.482 | 6.4 | 5.2 | 0.335 |
| 6 | 4.2 | 3.5 | 0.490 | 5.0 | 6.8 | 0.345 |
| 7 | 1.3 | 3.7 | 0.069 | 3.2 | 8.3 | 0.200 |
| 8 | 2.1 | 4.2 | 0.147 | 3.6 | 6.4 | 0.263 |

与前述数据对比可知,调整后,风机机组振动强度有了明显下降,基本处于正常振动范围内。自 2001 年 2 月调整并投入运行后,经多年持续跟踪监测,运行状况一直良好。

## 7.4　TBM 主驱动电机振动监测及故障诊断

主驱动电机是 TBM 的主要动力来源,受施工现场环境及设备状态诊断者经验差异的制约,针对电机状态,常规的诊断方法如眼观、触摸、耳听等往往会出现误诊或者漏诊，对于故障电机也难以判断其故障源，目前较为常用的检测手段为振动检测技术，可持续对主驱动电机状态进行跟踪检测。本节结合秦岭隧道TBM电机出现的机身温度过高及异常振动现象，以实例对振动测试技术在设备状态检测中的应用做简单阐述。

### 7.4.1 故障描述

西康铁路秦岭隧道施工中，我国首次引入TBM。隧道进口段所采用TBM为TB880E型敞开式，设备总功率5400kW，刀盘最大推力21000kN，撑靴最大撑紧力61000kN，掘进行程1.8m，刀盘转速为2.7r/min和5.4r/min，正常掘进采用电机驱动，可在较软地质条件下用液压辅助驱动实现刀盘脱困。

1999年7月16日，4号主驱动电机接连出现机身温度过高，并伴有异常振动现象，虽然通过常规观察、触摸等手段能判别4号主驱动电机状态异于其他电机，但无法判断其是否存在故障及故障严重程度。为避免盲目拆解带来的损失，决定借助振动检测仪（图7-6）对主驱动电机进行监测，以进一步确定电机状态。

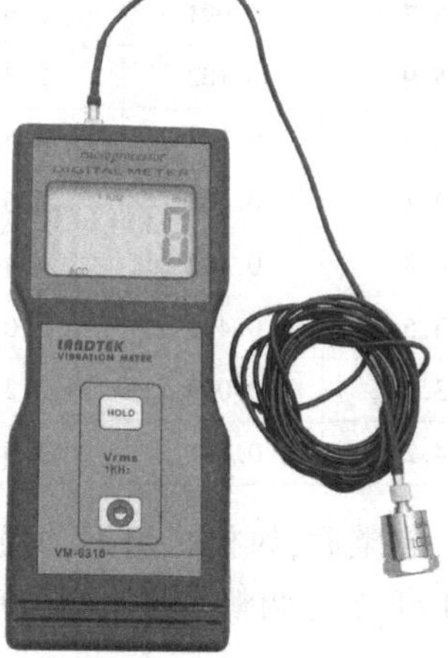

图7-6　振动检测仪

### 7.4.2 检测与分析

为进一步确定4号主驱动电机状态，通过振动检测手段对TBM全部8台主驱动电机均进行了跟踪监测。

1）振动仪测量值判定标准制订

在振动监测过程中，判断设备运行状态的良好与否关键在于诊断标准的制订，对于电机类设备，监测时一般通过速度或加速度值对其予以状态分析评估。为使评估标准更切合实际，以旋转机械振动诊断的国际标准（ISO2372）为基础，结合不同工况及现场多次测试结果，调整制订出了符合现场实际技术要求的TBM 主驱动电机振动测试判定标准，见表7-7。

**TBM 主驱动电机振动测试判定标准**　　表7-7

| 设备名称 | 功率（kW） | 转速（r/min） | 加速度（$m/s^2$） | | | 速度（mm/s） | | |
|---|---|---|---|---|---|---|---|---|
| | | | 正常 | 注意 | 危险 | 正常 | 注意 | 危险 |
| 主电机 | 430 | 1500 | <12 | 12～25 | >25 | <4 | 4～7 | >7 |

2）测点确定及数据采集

测点的选择直接关系到数据采集的可靠性，参照国家标准，依据主驱动电机的结构特点及振动信号测点原则，选定电机轴端为测点位置，测点布置如图7-7所示。

图7-7　主驱动电机振动传感器布置

测点确定后，在相同工作状态下利用HG-3518振动数据采集仪对8台主驱动电机进行加速度、速度数据采集，并利用红外测温仪对电机轴端表面进行温度检测。检测结果见表7-8。

数据显示，4号主电机的振动加速度值、速度值均大于其他电机，其中振动加速度更是达到$25.4m/s^2$，超过危险值最低限定标准。

TBM 主电机振动数据采集结果　　表 7-8

| 主电机 | 1号 | 2号 | 3号 | 4号 | 5号 | 6号 | 7号 | 8号 |
|---|---|---|---|---|---|---|---|---|
| 加速度($m/s^2$) | 9.7 | 15 | 17.4 | 25.4 | 7.1 | 11.4 | 9 | 12.2 |
| 速度(mm/s) | 0.6 | 0.7 | 0.56 | 1.76 | 0.77 | 0.8 | 0.7 | 0.9 |
| 温度(℃) | 63 | 60 | 61 | 73 | 67 | 65 | 70 | 69 |

3)故障分析

振动监测期间,结合现状,对造成4号主驱动电机发热及异常响动的原因进行了分析,判断可能的原因如下:

(1)主驱动电机长时间运转,电机轴端轴承因润滑油缺失,使得轴承内部零部件出现异常磨损,导致异响及电机过热。

(2)主驱动电机轴承经长时间运转,磨损加剧,致使轴承间隙变大,造成异常振动并引起温度升高。

(3)主驱动电机与变速箱之间的连接螺栓因长时间剧烈振动导致松动,进而使得电机振动加剧。

### 7.4.3 处理方案

结合检测结果及可能的故障分析,进行了逐一排查和论证。首先对连接螺栓进行扭矩校核,校核后再次对电机进行振动数据采集。结果显示,数据无明显变化,排除了因连接螺栓松动而导致电机故障的可能。其后,维修人员对4号主驱动电机进行了拆解,发现电机轴端轴承的内圈、外圈发生了严重剥离并伴随有大面积的坑痕,基于上述情况,将4号电机轴承进行了更换。

### 7.4.4 处理效果

轴承更换后,对4号主驱动电机进行了持续跟踪监测,振动加速度由原来的25.4$mm/s^2$降为10$mm/s^2$左右,电机轴端表面温度也有所降低。此次主驱动电机故障是因电机轴端轴承损坏引起,通过振动监测分析,较早地发现了问题,避免了更进一步的较大设备事故发生。

通过该案例,充分说明了振动检测技术在TBM实际应用中的重要性,设备在运行过程中的振动及特征信息是反映系统状态及其变化规律的重要信号。机械设备运转都会产生振动,当机械设备完好时,其振动强度在一定范围内波动;当其出现故障时,振动强度必然增加。发生故障的零部件不同,故障性质不同,其振动形态也会有差异，据此可以对故障部位和性质做进一步判别。利用监测所得到的振动信号对故障进行诊断是设备故障诊断中最有效、最常用的手段之一。

# 7.5　TBM 主梁振动监测及评价

主梁为 TBM 提供刀盘、主机及后配套前进的反力，其结构形式直接影响到掘进机的稳定性。锦屏引水隧洞采用国内最大直径的 TBM 施工，面临大洞径、大埋深、长距离、涌水、岩爆等诸多难点，施工期间，主机震感强烈，机械故障频发，多次意外停机，导致施工效率低下。为探索不良地质条件下 TBM 的不同运行规律及故障特点，保障施工，根据不同条件，组建了基于虚拟仪器的故障诊断系统，跟踪了解设备技术状况，根据测试结果及分析，总结 TBM 故障发生规律。

## 7.5.1　测试工况

为较为准确地评价 TBM 运行状态，在现场测试前，对 TBM 施工进行实地调研，搜集与试验有关的技术文件和资料，主要包括设计图纸等设计资料、施工记录、TBM 推进时的控制参数等；列明全断面测试工况，见表 7-9。

全断面测试工况　　表 7-9

| 工　况 | 推力(kN) | 转速(r/min) |
|---|---|---|
| 1 | 空载 | 2.7 |
| 2 | 空载 | 3.3 |
| 3 | 空载 | 4.0 |
| 4 | 12000 | 2.7 |
| 5 | 14000 | 2.7 |
| 6 | 16000 | 2.7 |
| 7 | 12000 | 3.3 |
| 8 | 14000 | 3.3 |
| 9 | 16000 | 3.3 |
| 10 | 12000 | 4 |
| 11 | 14000 | 4 |
| 12 | 16000 | 4 |

## 7.5.2 测点布置

为测试主梁推进时的最大应力及振动速度，主梁截面上端部与下端部沿轴向布置动应变测点各一个，相应部位竖向、水平横向和水平轴向布置速度测点各一个，共设置 5 个测点，如图 7-8、图 7-9 所示。

图 7-8 主梁机架上端动应变测点布置

图 7-9 主梁机架下端动应变测点布置

## 7.5.3 测试数据

1) TBM 主梁振动速度测试

TBM 主梁振动速度测试数据见表 7-10，根据表中测试数据可得出 TBM 掘进过程中主梁振动速度有效值趋势图（图 7-10）。

**TBM 主梁振动速度测试数据** 表 7-10

| 工况序号 | 工况［推力(kN)/转速(r/min)］ | 横向速度(mm/s) | 垂向速度(mm/s) |
|---|---|---|---|
| 1 | 空载/2.7 | 0.14 | 0.01 |
| 2 | 空载/3.3 | 0.11 | 0.01 |
| 3 | 空载/4.0 | 0.12 | 0.07 |
| 4 | 12000/2.7 | 0.5 | 1.12 |
| 5 | 14000/2.7 | 4.12 | 1.53 |
| 6 | 16000/2.7 | 6.95 | 2.47 |
| 7 | 12000/3.3 | 2.95 | 1.18 |
| 8 | 14000/3.3 | 6.19 | 2.14 |
| 9 | 16000/3.3 | 3.13 | 8.13 |

续上表

| 工况序号 | 工况[推力(kN)/转速(r/min)] | 横向速度(mm/s) | 垂向速度(mm/s) |
|---|---|---|---|
| 10 | 12000/4 | 1.97 | 5.8 |
| 11 | 14000/4 | 7.69 | 2.88 |
| 12 | 16000/4 | 9.18 | 3.5 |

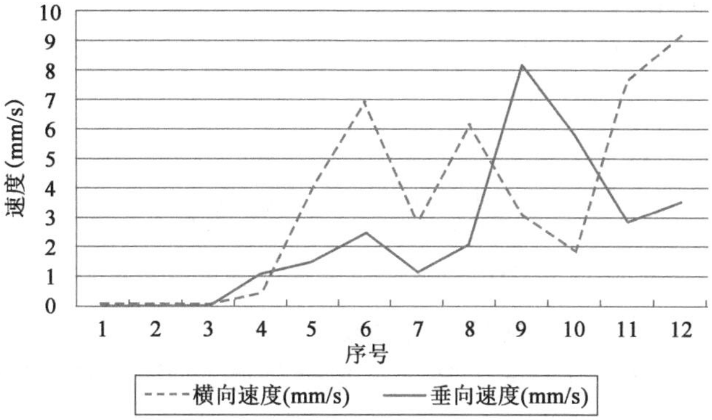


图 7-10　TBM 掘进主梁振动速度有效值趋势图

2)TBM 主梁应变测试数据

TBM 主梁应变测试数据见表 7-11,根据表中测试数据可以得出 TBM 掘进过程中主梁应变趋势图(图 7-11)。

**TBM 主梁应变数据**　　表 7-11

| 工况序号 | 工况[推力(KN)/转速(r/min)] | 顶 应 变 | 底 应 变 |
|---|---|---|---|
| 1 | 空载/2.7 | 0 | -25 |
| 2 | 空载/3.3 | -15 | -29 |
| 3 | 空载/4.0 | -10 | -35 |
| 4 | 12000/2.7 | -42 | -118 |
| 5 | 14000/2.7 | -35 | -137 |
| 6 | 16000/2.7 | -45 | -155 |
| 7 | 12000/3.3 | -25 | -130 |
| 8 | 14000/3.3 | -35 | -137 |
| 9 | 16000/3.3 | -83 | -150 |
| 10 | 12000/4.0 | -73 | -120 |
| 11 | 14000/4.0 | -83 | -130 |
| 12 | 16000/4.0 | -126 | -165 |

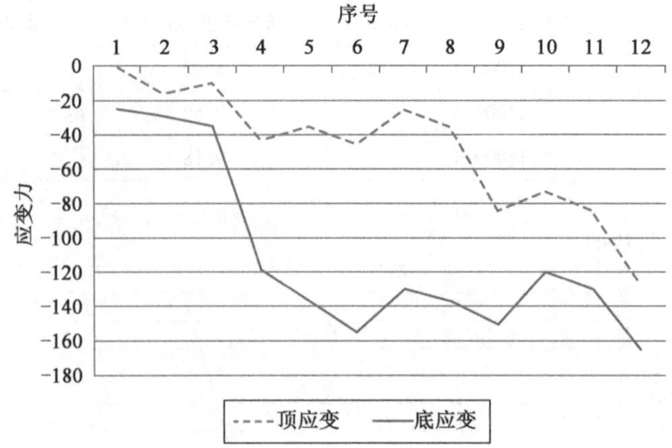


图 7-11　TBM 掘进主梁应变测试趋势图

3)部分工况条件下的 TBM 主梁时域波形

(1)空载/转速 2.7r/min 工况下，主梁垂向速度时域波形如图 7-12 所示，主梁横向速度时域波形如图 7-13 所示。

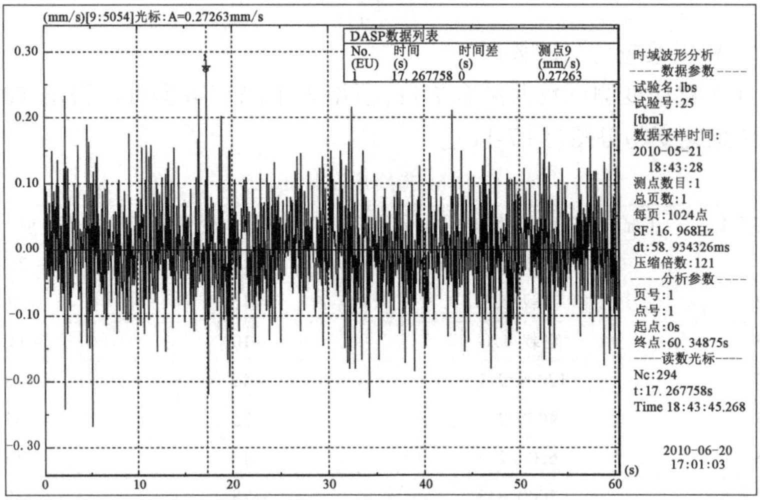


图 7-12　TBM 主梁垂向速度时域波形图

(2)推力 12000kN/转速 2.7r/min 工况下，主梁垂向速度时域波形如图 7-14 所示，主梁横向速度时域波形如图 7-15 所示。

(3)推力 16000kN/转速 4.0r/min 工况下，主梁垂向速度时域波形如图 7-16 所示，主梁横向速度时域波形如图 7-17 所示。

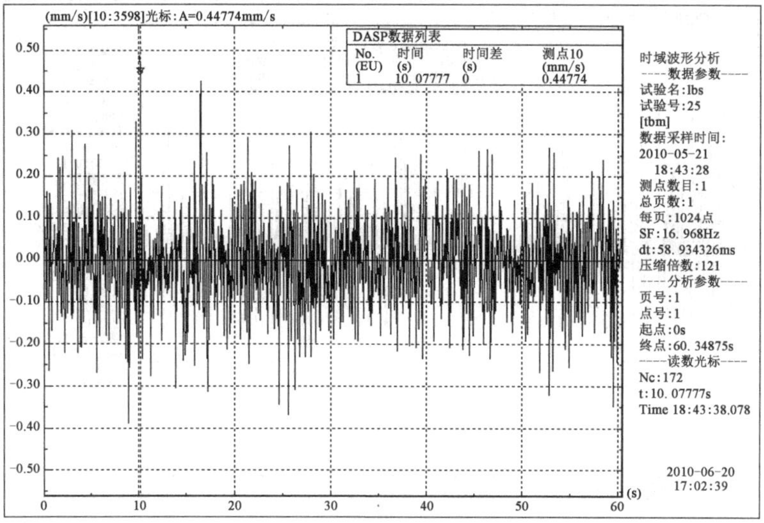


图 7-13 TBM 主梁横向速度时域波形图

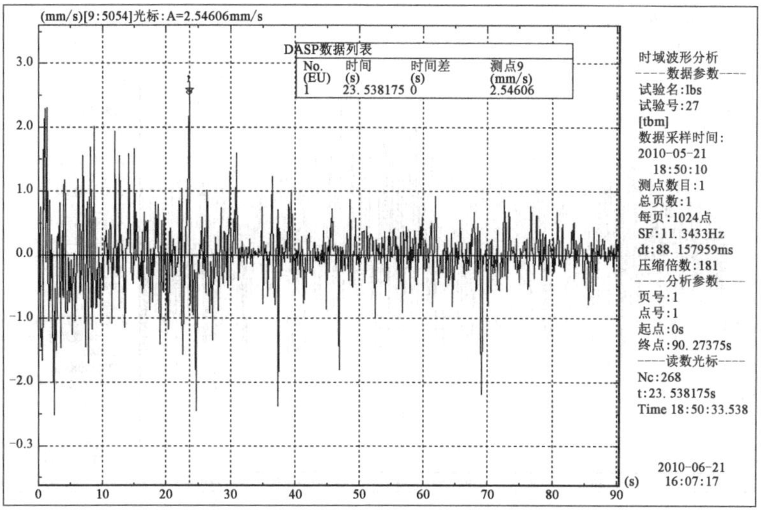


图 7-14 主梁垂向速度时域波形图

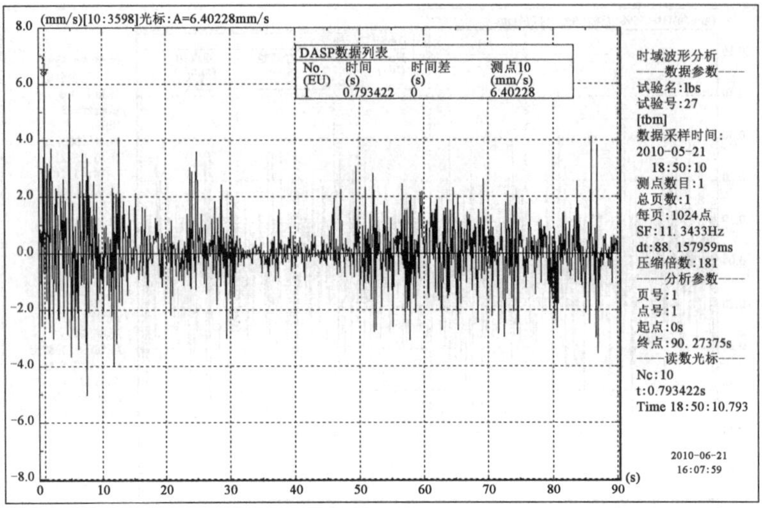


图 7-15　主梁横向速度时域波形图

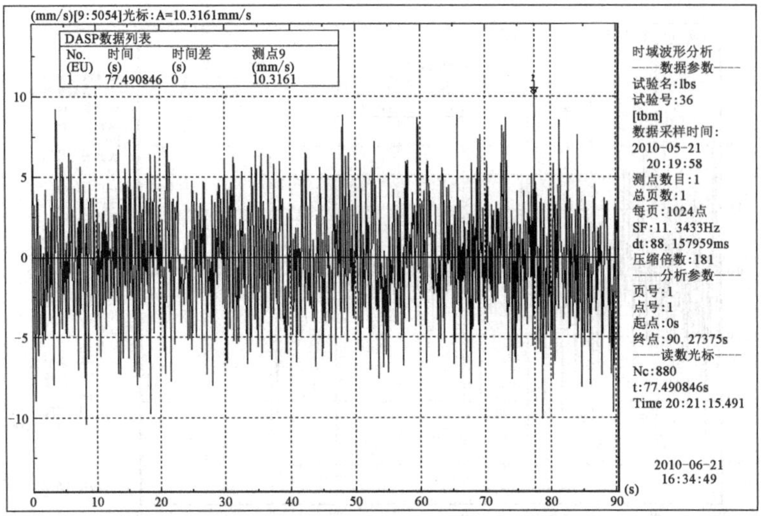


图 7-16　主梁垂向速度时域波形图

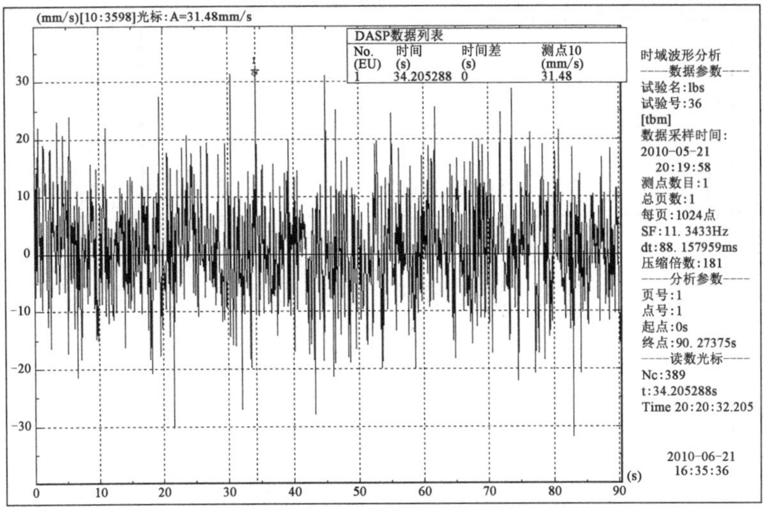


图 7-17　主梁横向速度时域波形图

4)部分工况条件下的 TBM 主梁频谱

(1)TBM 推力 12000kN/转速 2.7r/min 工况下,主梁频谱如图 7-18 所示。

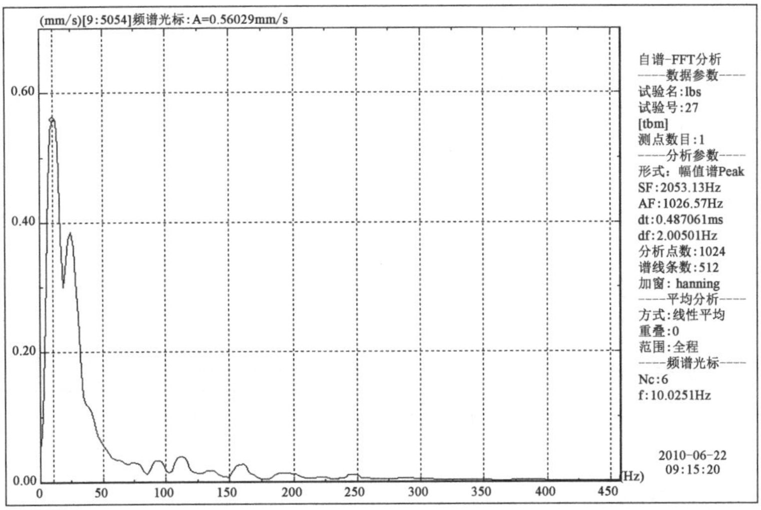


图 7-18　推力 12000kN/转速 2.7r/min 工况下主梁频谱图

(2)TBM 推力 14000/转速 3.3 工况下,主梁频谱如图 7-19 所示。

(3)TBM 推力 16000/转速 4.0 工况下,主梁频谱图如图 7-20 所示。

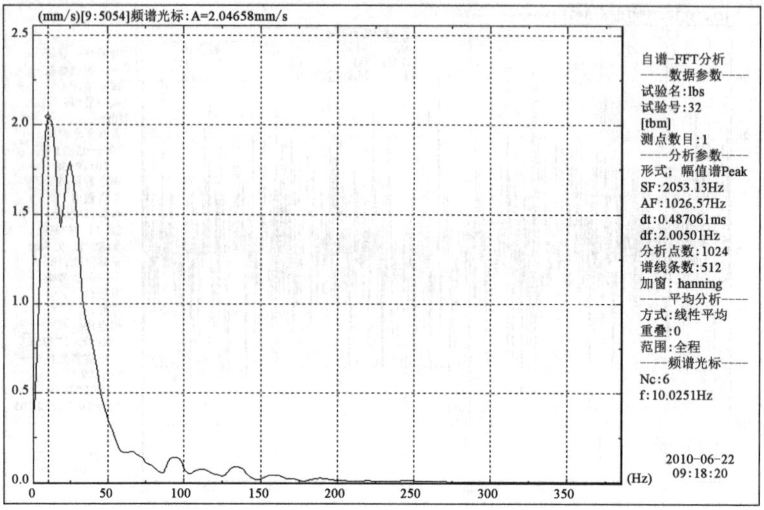


图 7-19　推力 14000kN/转速 3.3r/min 工况下主梁频谱图

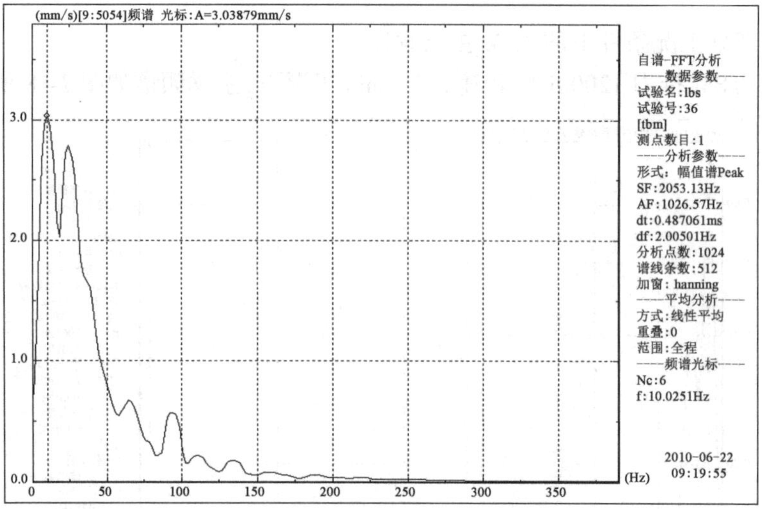


图 7-20　推力 16000kN/转速 4.0r/min 主梁频谱图

### 7.5.4　测试结论

TBM 振动测试目前还没有可参照的标准规范，只能根据测试数据进行纵向对比。针对上述测试，具体的对照结论如下，可为 TBM 施工及相关检测提供借鉴。

(1)空载状况下主梁未发现受力不均现象。

(2)根据 TBM 测试数据,从推力 12000kN/转速 2.7r/min 到推力 12000kN/转速 3.3r/min,主梁发生明显受力不均,下部应力明显大于上部应力且差值较大,但主梁上部与下部均处于受压状态。

(3)根据 TBM 的测试数据,从推力 14000kN/转速 3.3r/min 到推力 16000kN/转速 4.0r/min,主梁受力不均明显减小,根据出渣、应变和机器运转等因素综合考虑,发现推力 16000kN/转速 3.3r/min 时,较适合掘进。

(4)在同一转速下,随着推力的增大,主梁的振动随之加大。在同一推力下,随着转速的增大,主梁振动随之加大。

## 7.6　TBM 主驱动电机温度监测及故障诊断

TBM 主驱动电机作为设备的核心部件,其运行状态直接关系到 TBM 运转。受施工现场环境制约,以及主驱动电机安装位置等条件约束,很难全面、直接地对其进行有效的检查与判别,该类电机故障往往只有问题暴露后才会被发现。温度作为电机很重要的一个运行表征,红外诊断技术所基于的温测优势,赋予其提前发现电机故障的重要技术内涵。目前,红外检测技术已广泛应用于电力设备的故障检测。本节结合桃花铺隧道施工中的 TBM 电机机身温度过高现象,对红外检测的应用进行阐述。

### 7.6.1　故障描述

桃花铺隧道是西安至南京铁路十大控制工程之一,隧道开挖采用一台直径 8.8m 的 TB880E 型敞开式 TBM。2001 年 3 月 9 日,在 TBM 掘进过程中,7 号主驱动电机突然停机,重启后几分钟,电机再次停止,技术人员立即进行检查,发现电机温度异常升高,经红外热像仪(图 7-21)测温,电机壳体表面温度达到 83℃,远远超出电机正常工作的温度范围值(40 ~ 60℃),也远远要高于其余电机温度。如图 7-22 红外热成像图显示,7 号主驱动电机部分区域温度异常。同时,伴随有电机异常响动,通过振动检测发现振动数值偏高。

### 7.6.2　故障分析

由红外热成像图(图 7-22)可以看出,电机的主要发热位置位于电机内部的轴承处,故初步判断为电机的轴承故障引起异常发热及剧烈振动。根据检测结果分析,可能存在以下问题。

图 7-21 红外热像仪

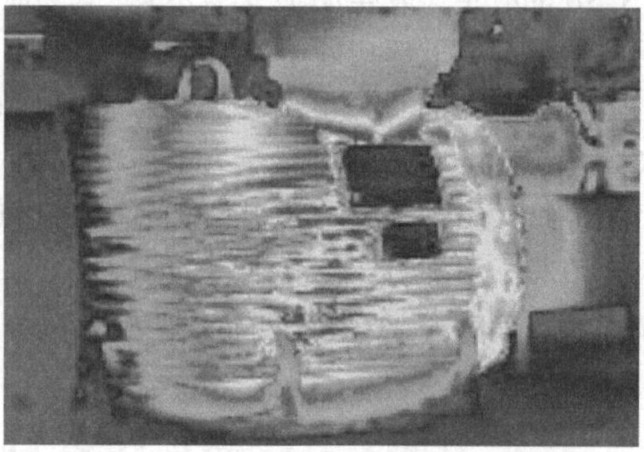

图 7-22　7 号主驱动电机红外热成像图

(1)滚动轴承安装不规范,过松或过紧;

(2)润滑脂问题,或者混入灰尘杂质等造成轴承发热;

(3)电机外轴承盖与滚动轴承外圆之间的轴向间隙过小;

(4)电机两侧端盖或轴承盖未安装好;

(5)轴承的内外圈磨损或发生剥落;

(6)电机轴发生弯曲。

### 7.6.3　处理与验证

遵照由易到难原则对电机问题进行排查,首先对电机接地螺栓、电机线路等进行简单测试与紧固,排除外部故障对电机造成的影响,但是电机异常发热问题仍然存在。其后,对电机进行了拆解,发现润滑脂量已明显不足,电机轴承严重磨损,未见其他部件的明显故障。从而明确故障原因为电机轴承问题,电机在润滑脂不足的状态下长时间运转,导致轴承干磨发热,造成严重磨损。

确定故障原因后,检修人员对电机故障轴承进行了更换,调试后 TBM 恢复掘进,其后,对 7 号主驱动电机进行了跟踪监测,主要为红外检测仪温度监控,维修后的电机温度一直保持在 50℃左右,电机状态正常,未出现异常发热及振动现象。

虽然上述案例未能在预期的最前兆发现电机故障,但也很大程度避免了电机的进一步损坏,也证明了红外测温技术在 TBM 故障诊断中的重要性。红外检测可以监测设备在运行状态下的温度等真实信息,结合其他检测,可为电机等设备运行提供保障。

# 7.7 TBM主轴承声发射监测技术应用

TBM 多用于长隧道施工，主轴承是掘进机的核心部件，它的作用是支承刀盘，给刀盘传递旋转的动力。主轴承受隧道空间限制很难进行更换，如果主轴承损坏失效，隧道掘进机将陷入瘫痪，所造成的后果难以承受。因此，对 TBM 主轴承持续进行状态监测是非常必要的，本节通过重庆铜锣山隧道声发射试验案例就声发射检测技术在主轴承上的应用做介绍，供读者参考。

## 7.7.1 声发射监测技术

1)声发射

材料受力作用产生变形或断裂，或构件在受力状态下被使用时，结构内部以弹性波形式释放应变能的现象称为声发射。

2)声发射技术在主轴承监测中的制约因素

采用声发射技术对主轴承进行监测，其制约因素有以下两点。

(1)受隧道内条件制约。TBM 主轴承无法在洞内进行解体检查，其运行状况只能通过实时监测数据来评判，这对主轴承监测技术提出了极高的要求。

(2)受主轴承位置制约。由于主轴内空间狭窄，声发射传感器很难密贴主轴承安装，这就导致信号的传输偏弱，又由于受主轴承周边其他部件强的噪声信号干扰，使得检测中故障信号的提取及分离变得困难。

## 7.7.2 声发射信号采集

1)监测设备选取

(1)声发射采集仪

试验选用 DS2 系列全信息声发射信号分析仪，如图 7-23 所示。

(2)声发传感器及前置放大器

在声发射试验中，传感器及放大器的选择恰当与否，关系到测试声发射信号的采集，考虑到 TBM 工作环境，此次试验选取 SR150M 型传感器(图 7-24)及 PAI 宽带前置放大器(图 7-25)。

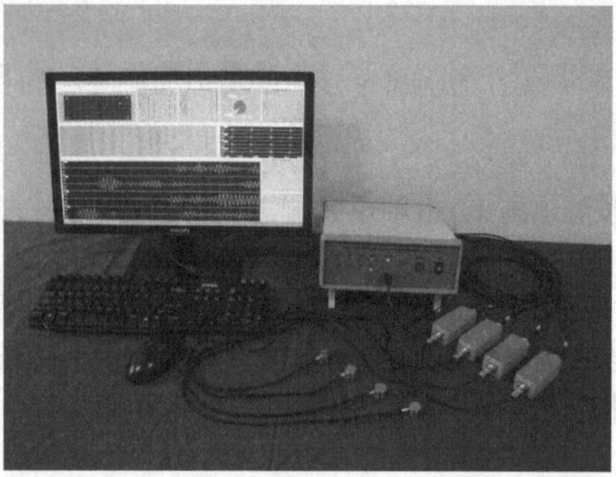

图 7-23　DS2 系列全信息声发射信号分析仪

图 7-24　SR150M 型传感器

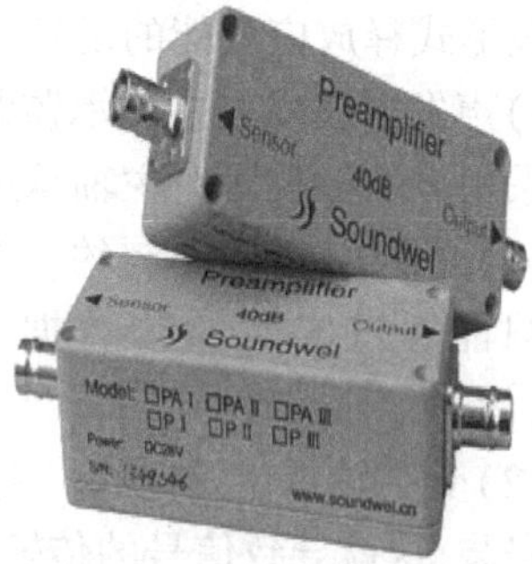


图 7-25　PAI 宽带前置放大器

2)监测方案设计

重庆市轨道交通 6 号线二期工程铜锣山隧道采用 TBM + 钻爆法施工,左右线两台复合式 TBM,此次试验监测对象为铜锣山隧道右线 TBM,受施工现场各种条件限制,测试仪选用 4 个传感器,在 TBM 正常运行时段,分别进行了 2、4 通道同步采集测试,为了获取最接近实际状态的信号特征,检测过程中,采取一套方案多次验证的方法。声发射传感器布置如图 7-26 所示。

3)声发射信号采集

确认采集仪器线路及电源开关连接无误后,启动软件,新建测试数据视窗,进行采集参数设置,其中采样频率设为 3MHz,选取 4 个通道同时采集。由于声发射信号采集频率高、数据存储量大，为了减轻计算机的数据处理负担，保证计算机和采集仪的稳定工作状态，对采集仪的功能设置做调整，在采集信号时，采集仪不同时显示波形，也不提取信号参数，仅保存数据文件。上述采集模式下，设定各项采样指标，其中采集门限值均设为 1500mV，采集启动方式设为门限触发，峰值鉴别时间 PDT 为 500μs，撞击鉴别时间 HDT 为 2000μs，撞击闭锁时间 HLT 为 2000μs。确认文件保存模式后，开始采集，每 2min 完成一次采集任务，通过多次测试减小随机误差。

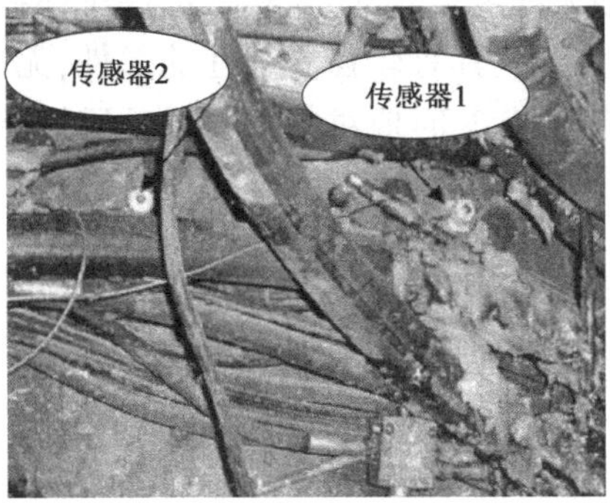


图 7-26　现场传感器布置图

## 7.7.3　声发射信号分析

如图 7-27 所示，随机选取某一试验中的 1、2 通道信号时域波形曲线，观察发现，主轴承声发射信号中含有周期性脉冲（TBM 转速力 3.5r/min，该段采集总时长为 120.149s）。进一步地，1、2 通道的周期性脉冲均出现了 7 次，初步判断该主轴承的内圈啮合大齿可能存在某一故障点，从而造成每圈都有一次故障表征出现。

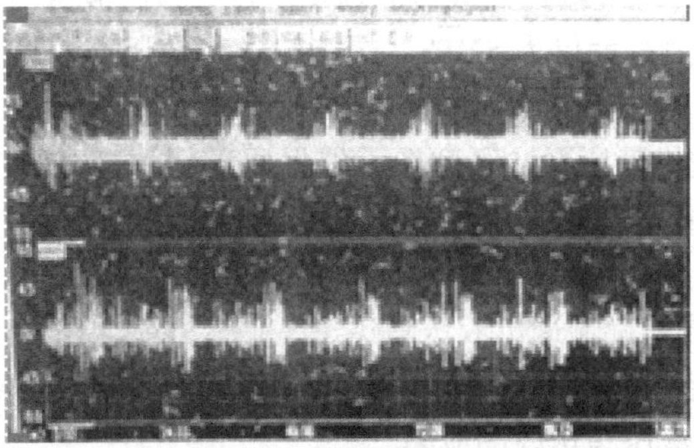

图 7-27　实测声发射信号图

由于施工现场情况极其复杂,不确定性因素较多,仅根据这一异常情况还无法确定主轴承问题的存在,为规避误判,避免设备主轴承可能出现的问题,在声发射信号采集分析基础上,我们对刀盘、主轴承等驱动组合结构进行了全面检查,发现信号异常的起因为 TBM 刀盘上所装的一把扩孔刀,在 TBM 掘进时,刀盘旋转的每个运行周期内,该扩孔刀都会近距离接触声发射传感器,扩孔刀与岩石的强烈碰撞,产生了不同于其他滚刀破岩的冲击信号。

上述案例虽未直接关联 TBM 主轴承故障,但一定程度上也表明了,采用声发射监测技术是可以很大程度发现 TBM 相关部件所存在的异常特征的。尤其对于 TBM 主轴承此类关键但具有较强隐蔽性的部件,无法从 TBM 表观的工作状态判断其故障或故障前兆,实时地对主轴承各项运行指标采用多种方式相结合综合监测不可忽视。

## 7.8 盾构螺旋输送机马达故障案例分析

### 7.8.1 故障描述

某项目盾构机施工,启动螺旋输送机后,发现螺旋输送机出渣口不出渣。上位机显示螺旋输送机转速、转矩均为零,排除渣土卡螺机的情况。检查人员实际观察螺旋输送机,螺旋输送机及其液压驱动马达都未有振动现象。

### 7.8.2 故障检测及处理

(1)马达进油侧、回油侧压力检测

图 7-28 所示为螺旋输送机液压原理图。首先检测液压马达油压检测 C 口、A 口,经检测其压力最大仅为 5MPa。螺旋输送机液压系统属于闭环控制系统,初步判断为液压马达内部泄漏。

(2)螺旋输送机液压泵站原理图。根据原理图,关闭螺旋输送机液压泵站通往液压马达的油管球阀,对螺旋输送机液压泵站油压进行检测,检测结果显示泵站油压 250bar。排除液压泵站及液压阀组、管路等附件发生故障的情况,进一步确定故障位置在螺旋输送机液压马达。

(3)拆卸螺旋输送机液压马达卸油口,启动液压泵站,发现马达卸油量明显增大,进一步确定液压马达内部泄漏。

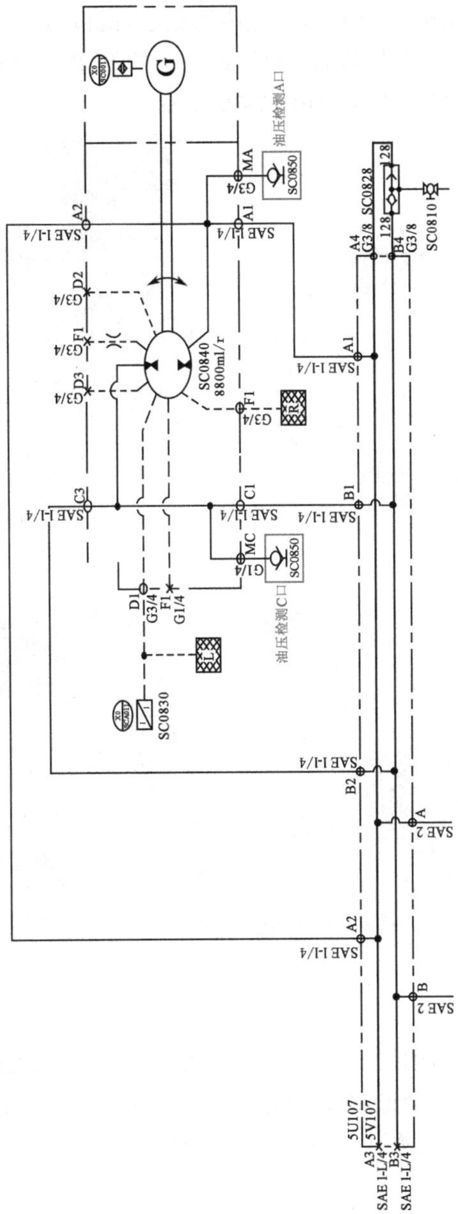


图7-28　螺旋送机液压原理图

(4)清洗液压阀组、管路时,发现较多肉眼可见的铁屑,对螺旋输送机卸油管及液压油箱的液压油进行采样和油液检测,发现液压油水污染、杂质污染超过标准值,由此判断螺旋输送机液压马达内部核心部件已经发生机械磨损。

(5)拆除液压马达,返厂检修,验证损伤有端环磨损严重、柱塞总成磨损严重、缸体有断裂、尾环磨损严重,如图7-29所示。

a)端环磨损严重　b)柱塞总成磨损严重

c)缸体有断裂　d)尾环磨损严重

图7-29　液压马达损伤零件

更换同型号液压马达损伤零件,对螺旋输送机液压系统包含的阀组、管路等液压元件进行清洗。完全过滤液压油箱及各液压系统的阀组、管路等元件,去除游离水分及金属杂质,避免其他液压系统故障。

### 7.8.3　经验总结

盾构机正常施工时,每3个月对盾构机液压系统进行油样检测。检测点位为:液压泵站油箱、液压回油管。在取油样时,必须使用专业检测机构提供的取样瓶,而且应注意确保取样瓶及取样环境洁净,取样操作方式遵守规范。

油样检测合格标准.固体污染物的尺寸大小关系:引起磨损的固体污染物的尺寸通常小于10μm。在检查液压油体的清洁度时必须使用显微镜或自动微粒测量器,因为人肉眼可见的最小微粒尺寸大于40μm。

液压系统在运行过程中,存在不同程度的污染。根据这次液压系统故障,制订了盾构液压系统油液检测标准及清洗标准,具体标准如下:

1)杂质污染

(1)ISO4406 标准

①为延长液压部件的使用寿命,按照 ISO4406 油样清洁度等级表,根据设备的压力及设备部件的敏感性,盾构液压部件对油料的纯净度等级要求至少为18/16/13。

②若油样检测 ISO4406 等级为 20/18/15、21/19/16 时,表明液压油质处于黄标注意状态,液压油可以继续使用,但应缩短检测周期,并进行清洗滤芯等防止污染的操作。

③当检测结果 >21/19/16 时,则表明液压油质处于红色警报状态,应减少或停止使用,使专用液压油过滤清洁设备进行清洁。

(2)NAS1638 标准

①按照 NAS1638 油液清洁度等级标准,针对盾构机液压系统属高、中压系统,确定液压部件对油料的纯净度等级要求至少为 8 级,液压油正常状态;

②当检测结果为 10 级,表明液压油质处于需要黄标注意状态,可以继续使用,但应缩短检测周期,清洗滤芯;

③当检测结果≥12 级,则表明液压油质处于红色警报状态,应减少或停止使用,使专用液压油过滤清洁设备进行清洁。

2)水污染

液压油中水含量增大也会引起液压部件受损。首先水可使得设备受到腐蚀,另外也导致液压油使用寿命缩短。所以,必须检测液压油中水的含量。且液压油中的水含量必须小于0.05%。

3)运动黏度

液压油运动黏度是液压油抗相邻两液体层面层式移动趋势的一个测量标准,作为液压油的一个最重要参数,它表示液压油在一定温度下的状态。一般在40℃环境中,盾构主要传动设备液压运动黏度为46cSt。

### 7.8.4 对后续项目的指导意义

在后续项目盾构机推进生产中,为防止液压设备的重大故障而导致生产停滞,应严格按照固定3个月的周期进行对不同点位液压油油样的检测,从而了解盾构机液压系统运行情况。而且应举一反三对主驱动变速箱的齿轮油、泡沫柱塞泵导轨油等进行定期检测。

## 7.9 盾构主驱动变频器状态监测与故障诊断

对于电力驱动盾构,其主驱动动力部分包括主驱动电机、低压配电线路、主驱动变频器、PLC 控制系统、自动投切电容补偿系统及主驱动机械部分等;相较于液力驱动盾构机,电力驱动盾构机在运行效率、运行期间噪声、温度控制及保养难易度方面均占有一定优势。但电力驱动盾构机对日常运转状况的优劣和维保工作是否到位,无论对掘进施工还是电气元器件工作寿命,其影响都很大。一旦出现电气元器件故障,都将会严重影响工程施工进度,尤其是在盾构机区间下穿重要建构筑物时,因为盾构主驱动故障导致长时间停机或掘进受阻,有可能引发地面沉降等不可控事故。因此,对电驱盾构机主驱动电气系统的日常维保、系统状态监测及故障诊断就变得十分重要。本节结合天津市滨海新区滨铁1号线一标段东—欣区间盾构机掘进期间出现的主驱动变频器故障,重点对故障诊断、故障维修进行分析和阐述。

### 7.9.1 故障描述

天津市滨海新区滨铁1号线一标段东—欣区间为单洞双线地铁隧道,采用一台6米级土压平衡式盾构,主驱动采用7台132kW 中国中车同步电机、维肯变频器变频驱动。盾构于2018年3月完成整机出厂验收,2020年4月初完成整机工地组装调试验收,并于2020年5月由区间右线开始进洞始发掘进,自2020年7月初起,盾构上位机开始偶发报警“刀盘变频器错误”(图7-30)。此故障多发于盾构机掘进结束时或拼装等待时,偶发于盾构机掘进中。一旦上位机出现刀盘变频器错误报警,盾构机操作手无法在上位机实现刀盘启动操作,需多次重复执行系统复位操作以消除上位机报警。执行复位操作期间,偶发单台主驱动变频器通信故障,亦可通过上位机复位操作进行消除。

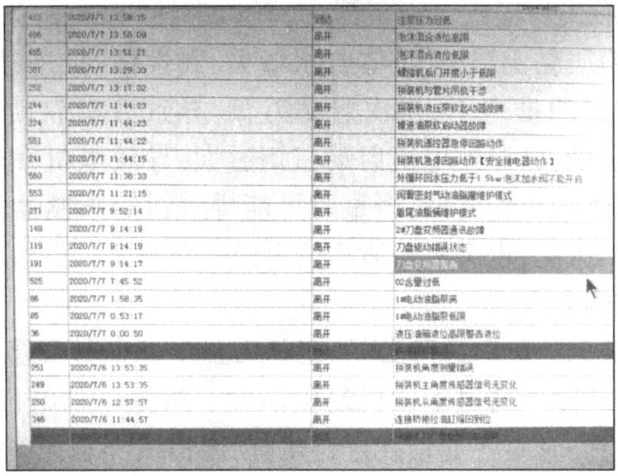


图 7-30　上位机刀盘变频器错误状态报警

在此期间,该故障发生频率为 2 ~ 3 次/天,偶发故障报警在上位机进行复位消除后即可进行推进,对正常施工影响较小,未引起盾构机操作手足够重视。自 2020 年 7 月下旬起,上位机开始频繁报单台刀盘变频器通信故障伴随主驱动错误状态(图 7-31),严重时每推进一环报错十数次,推进时操作手只能将刀盘停止,屏蔽故障驱动电机进行复推,掘进速度由正常 30min 左右每环(1.5m)延长至 60 ~ 90min,此时故障已严重影响盾构机掘进效率。

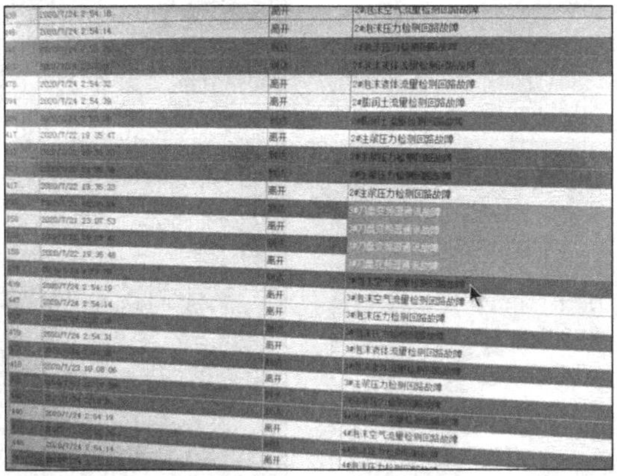

图 7-31　上位机刀盘变频器通信故障报警

## 7.9.2　故障分析

1) 掘进中停止刀盘的危害

某地铁施工采用直径 6.81m 的 ZTE6810 型土压平衡盾构机,刀盘开挖直径

6.83m,刀盘结构形式为辐条+面板形式,开口率约为50%,发生主驱动故障期间盾构刀盘处于粉质黏土层中,土体含水量大、黏性强,推进过程中贸然停止刀盘旋转,在推进油缸的推力下,再次启动刀盘,导致刀盘启动扭矩增大20%以上。频繁大扭矩启动,将导致电机启动扭矩过大,导致电机发热量增大、变频器负荷加大、影响主驱动齿轮寿命,严重时可能导致扭矩限制器扭断;不仅严重影响盾构机掘进施工进度,也会影响盾构的有效工作寿命。

2)异常原因分析

经盾构电气维保人员对故障分析,确认刀盘变频器故障多发于1号、3号等单数电机,且通信故障可通过上位机复位消除。对主驱动电机及电缆进行绝缘测试,未发现异常;同时对各通信线进行检查,通信线外观无破损、插头未发现损坏及虚接,因此排除线路及电机故障。本机采用的维肯变频器操作板自带运行信息及故障信息收集功能,但由于现场不具备变频器通信状态文件的分析条件,根据铁建重工厂家维修人员的维修意见,电气维保人员对各故障变频器通信状态及交换机通信信息进行收集、下载,将故障信息文件发送至生产厂家进行故障信息分析(图7-32、图7-33)。

图7-32　变频器通信信息下载

图7-33　变频器操作板信息收集

## 7.9.3　处理与验证

2020年7月30日,根据设备制造商对故障信息分析,显示多台变频器通信信号电压异常、交换机通信故障。针对故障信息分析结果，维保人员对各故障变频器接地线进行重接，变频器接地点由出厂状态的箱体接地点，变更为接地排接地（图 7-34）；同时对变频器交换机进行更换，交换机更换品牌为赫斯曼（图 7-35）。

图 7-34　变频器接地线重做

图 7-35　更换变频器交换机

截至同年 9 月，该区间贯通，期间跟踪监测一百余次，累计推进 970m 左右，各变频器均未出现故障报警，系统状态良好。以事实验证了上述分析的结论，并依此进一步查明了接地点和交换机故障的问题，做出了优化改进。

该案例在国内同类型设备中较为罕见，目前仅在广州地铁同类型盾构上发现此类问题，通过对变频器运行信息和故障信息的连续收集和分析，发现了此类上位机报通信故障的原因，继而通过重做变频器接地系统、更换交换机，验证了该类问题解决的方法，改进了设备，为同类型盾构的电气系统维修、保养提供了借鉴。

# 参考文献

References


[1] 克劳德·特里加苏. 电机故障诊断[M]. 姚刚,汤天浩,译. 北京:机械工业出版社,2019.

[2] 才家刚. 电机故障诊断及修理[M]. 北京:机械工业出版社,2021.

[3] 杜彦良,徐明新,智小慧. 全断面岩石隧道掘进机:监测诊断与维护保养[M]. 武汉:华中科技大学出版社,2011.

[4] 周云龙,李洪伟,孙斌,等. 基于现代信号处理技术的泵与风机故障诊断原理及其应用[M]. 北京:科学出版社,2014.

[5] 周平. 轨道交通齿轮箱状态监测与故障诊断技术[M]. 成都:西南交通大学出版社,2012.

[6] 毛美娟,朱子新,王峰. 机械装备油液监控技术与应用[M]. 北京:国防工业出版社,2006.

[7] 杨其明,严新平,贺石中. 油液监测分析现场实用技术[M]. 北京:机械工业出版社,2006.

[8] 张旭,陈新轩,陈一馨. 工程机械状态监测与故障诊断[M]. 2 版. 北京:人民交通出版社股份有限公司,2021.

[9] 王雪梅. 无损检测技术及其在轨道交通中的应用[M]. 成都:西南交通大学出版社,2010.

[10] 熊丽媛. 常见类型油液含水量测定方法研究[J]. 检测与维修:2020(11):69-73.

[11] 张晓东,许宝杰,徐小力,等. 机械故障诊断的仿生学研究[J]. 振动与冲击:2014,33(S):486-489.

[12] 夏燕冰,赵剑锋,赵华,等. 隧道全断面岩石挖掘机的铁谱-光谱技术监测[J]. 中国铁道科学:2002,23(5):112-116.

[13] 陈世明. 油液监测技术在大型隧道掘进机械运行管理中的应用[J]. 润滑与密封:2004(2):117-119.

[14] 田勇,廉书林,陈闽杰.油液污染分析在机械磨损检测中的研究进展[J].液压气动与密封:2013(7):1-4.
[15] 袁成清,严新平.基于磨粒表面信息的磨损表面特征评估[J].中国机械工程,2007,18(13):1588-1591.